丛书总主编：孙鸿烈　于贵瑞　欧阳竹　何洪林

中国生态系统定位观测与研究数据集

农田生态系统卷

黑龙江海伦站

（2000—2008）

韩晓增　王守宇　主编

中国农业出版社

图书在版编目（CIP）数据

中国生态系统定位观测与研究数据集. 农田生态系统卷. 黑龙江海伦站：2000～2008／孙鸿烈等主编；韩晓增，王守宇分册主编. —北京：中国农业出版社，2010.4
ISBN 978-7-109-15530-5

Ⅰ.①中… Ⅱ.①孙…②韩…③王… Ⅲ.①生态系-统计数据-中国②农田-生态系-统计数据-海伦市-2000～2008 Ⅳ.①Q147②S181

中国版本图书馆 CIP 数据核字（2011）第 041146 号

中国农业出版社出版
（北京市朝阳区农展馆北路 2 号）
（邮政编码 100125）
责任编辑 刘爱芳 李昕昱

中国农业出版社印刷厂印刷 新华书店北京发行所发行
2011 年 4 月第 1 版 2011 年 4 月北京第 1 次印刷

开本：889mm×1194mm 1/16 印张：8.5
字数：232 千字
定价：45.00 元
（凡本版图书出现印刷、装订错误，请向出版社发行部调换）

中国生态系统定位观测与研究数据集

丛书编委会

主　编　孙鸿烈　于贵瑞　欧阳竹　何洪林

编　委（按照拼音顺序排列，排名不分先后）

曹　敏　董　鸣　傅声雷　郭学兵　韩士杰

韩晓增　韩兴国　胡春胜　雷加强　李　彦

李新荣　李意德　刘国彬　刘文兆　马义兵

欧阳竹　秦伯强　桑卫国　宋长春　孙　波

孙　松　唐华俊　汪思龙　王　兵　王　堃

王传宽　王根绪　王和洲　王克林　王希华

王友绍　项文化　谢　平　谢小立　谢宗强

徐阿生　徐明岗　颜晓元　于　丹　张　偲

张佳宝　张秋良　张硕新　张宪洲　张旭东

张一平　赵　明　赵成义　赵文智　赵新全

赵学勇　周国逸　朱　波　朱金兆

[序 言]

随着全球生态和环境问题的凸显，生态学研究的不断深入，研究手段正在由单点定位研究向联网研究发展，以求在不同时间和空间尺度上揭示陆地和水域生态系统的演变规律、全球变化对生态系统的影响和反馈，并在此基础上制定科学的生态系统管理策略与措施。自20世纪80年代以来，世界上开始建立国家和全球尺度的生态系统研究和观测网络，以加强区域和全球生态系统变化的观测和综合研究。2006年，在科技部国家科技基础条件平台建设项目的推动下，以生态系统观测研究网络理念为指导思想，成立了由51个观测研究站和一个综合研究中心组成的中国国家生态系统观测研究网络（National Ecosystem Research Network of China，简称CNERN）。

生态系统观测研究网络是一个数据密集型的野外科技平台，各野外台站在长期的科学研究中，积累了丰富的科学数据，这些数据是生态学研究的第一手原始科学数据和国家的宝贵财富。这些台站按照统一的观测指标、仪器和方法，对我国农田、森林、草地与荒漠、湖泊湿地海湾等典型生态系统开展了长期监测，建立了标准和规范化的观测样地，获得了大量的生态系统水分、土壤、大气和生物观测数据。系统收集、整理、存储、共享和开发应用这些数据资源是我国进行资源和环境的保护利用、生态环境治理以及农、林、牧、渔业生产必不可少的基础工作。中国国家生态系统观测研究网络的建成对促进我国生态网络长期监测数据的共享工作将发挥极其重要的作用。为切实实现数据的共享，国家生态系统观测研究网络组织各野外台站开展了数据集的编辑出版工作，借以对我国长期积累的生态学数据进行一次系统的、科学的整理，使其更好地发挥这些数据资源的作用，进一步推动数据的共享。

为完成《中国生态系统定位观测与研究数据集》丛书的编纂，CNERN综合研究中心首先组织有关专家编制了《农田、森林、草地与荒漠、湖泊湿地海湾生态系统历史数据整理指南》，各野外台站按照指南的要求，系统地开展了数据整理与出版工作。该丛书包括农田生态系统、草地与荒漠生态系统、森林生态系统以及湖泊湿地海湾生态系统共4卷、51册，各册收集整理了各野外台站的元数据信息、观测样地信息与水分、土壤、大气和生物监测信息以及相关研究成果的数据。相信这一套丛书的出版将为我国生态系统的研究和相关生产活动提供重要的数据支撑。

孙鸿烈

2010年5月

前　言

海伦农田生态系统国家野外科学观测研究站（简称海伦站）隶属于中国科学院东北地理与农业生态研究所，位于黑龙江省海伦市西郊，地理位置为东经126°55′，北纬47°27′，是中国科学院在我国东北黑土区设置的长期的、综合性的农业资源、环境、生态和作物学多学科的综合研究基地。海伦站站区位于东北黑土区的中心，是我国东北平原黑土区农田生态系统类型的典型代表。

海伦站建立于1978年，名称为中国科学院海伦农业生态实验站，是1988年中国科学院组建中国生态系统研究网络的首批台站之一，是2005年国家组建野外科学观测研究网络的首批站之一，后更名为黑龙江海伦农田生态系统国家野外科学观测研究站。自1986年以来，海伦站通过陆续配备的野外观测设施，对农业水分、土壤、气候、生物四大要素几百项内容进行了长期连续的观测研究，积累了大量的监测数据和研究数据。为了让更多的有志于黑土农田生态系统研究的科学工作者能够充分利用这些珍贵数据，并保证所有数据的规范化可持续性保存，全体监测人员在韩晓增站长的领导下克服种种困难，尽最大可能挖掘了海伦站的所有历史数据并整理加工，同时在国家生态系统研究网络综合中心的经费资助和技术指导下，编制了这本《中国生态系统定位观测与研究数据集·农田生态系统卷·黑龙江海伦站》分册。本数据集以海伦站2000年以来水分、土壤、气象、生物的网络监测数据为主，同时包含海伦站长期定位试验研究的部分数据，读者可以全面了解海伦站的主要数据资源情况、观测场地和样地信息等原始资料。

本数据集的编写凝聚了曾经在海伦站工作的所有专家的辛勤汗水，尤其老一辈站长王建国、刘鸿翔、孟凯等领导和工作人员都为本书编写做了大量工作，无偿提供了宝贵的历年监测和研究数据，在此一并致谢。

本数据集由韩晓增、王守宇统筹编辑并最终审核定稿，由于编辑时间比较仓促，不足之处在所难免，敬请批评指正。

编　者

2009年11月

目 录

第一章 引 言

1.1 台站简介

中国科学院海伦农业生态实验站（简称海伦站）隶属于中国科学院东北地理与农业生态研究所，位于黑龙江省海伦市西郊，地理位置为东经 126°55′，北纬 47°27′，是中国科学院在我国东北黑土区设置的长期的、综合性的农业资源、环境、生态和作物等多学科的综合研究基地。

1978 年 2 月，经党中央国务院批准，在黑龙江省海伦县、河北省栾城县、湖南省桃源县筹建全国三个农业现代化综合科学实验基地，同年中国科学院三个农业现代化研究所成立，黑龙江农业现代化研究所在海伦县建立农业现代化综合科学实验站。实验站主要围绕黑土农田生态系统急需解决的重大技术问题开展综合研究，并负责接待国内外来海伦县的研究人员。1988 年被中国科学院纳入中国生态系统研究网络（CERN），主要从事黑土农田生态系统过程的长期定位试验研究与区域农业可持续发展研究。2002 年，中国科学院长春地理研究所与黑龙江农业现代化研究所合并，整合为中国科学院东北地理与农业生态研究所，进入第二批知识创新试点。2005 年进入国家野外科学观测研究站系列，标志着海伦站的研究力量、野外科研设施、仪器设备跃上一个更高的台阶。

海伦站拥有完备的水、土、气、生野外观测设备和室内化验分析仪器设备及较完善的工作、生活设施，拥有 1 300m^2 实验楼（2002 年建成）和 700m^2 的专家公寓楼（2005 年建成），21hm^2 具有自主产权的试验田，并结合黑土农田生态系统相关研究方向，设有 10 余项长期定位试验地及水、土、气、生各生态要素的综合观测场和辅助观测场（图）。

图　海伦站综合实验楼

1.2 研究方向

台站的研究方向与任务是：根据国家资源环境生态安全战略与建设东北优质商品粮基地的需求，研究区域农业资源、环境、生态长期变化规律与发展态势；农田生态系统物质循环、能量转化过程与规律及其相互作用机制；农业生态系统结构功能及其提高生产力途径；黑土退化机理与生态修复；区域农业持续高效发展模式与配套技术。为区域农业资源的持续利用、环境保护和农业经济快速发展提供理论依据和技术支持。

1.3 研究成果

海伦站建站以来，共获科技成果奖项 18 项。“松嫩——三江平原中低产田治理和区域农业综合发展技术研究与示范”获 2004 年国家科技进步二等奖，“农田黑土障碍因子分析及调控措施的试验示范”获 2003 年黑龙江省科技进步二等奖，出版专（编）著 17 部，发表论文 288 篇，其中 SCI 收录论文 65 篇。

1.4 合作交流

海伦站坚持开放的办站方针，围绕本站的研究方向和目标，长期与东北农业大学、吉林农业大学、黑龙江省农业科学院、吉林省农业科学院、中国科学院沈阳应用生态研究所、中国科学院南京土壤研究所、中国科学院地理与自然资源研究所、中国科学院生态环境中心、黑龙江省科学院、黑龙江省农业厅等 10 多家科研单位合作，每年来站工作人数为 400～500 人次。海伦站通过各种渠道争取经费与十几家合作单位开展合作研究。

目前海伦站已成为中国东北黑土研究与示范研究基地，是东北农业大学等 3 所高校的教研基地以及多家当地政府和企业的技术依托单位。2004 年，以海伦站为基础，申请成为黑龙江省黑土生态重点实验室。2001—2008 年以来与美国马萨诸塞大学、密苏里大学、西澳大利亚大学、日本名古屋大学、俄罗斯圣彼得堡大学等 10 多个国家大学和科研机构建立了联系，近 60 批次外宾来站考察，开展实质性的合作项目 3 项。派出参加国际合作研究或应邀参加国际会议人数超过 5 人/月。与日本国际合作项目课题 1 项，经费 1 000 万日元。

1.5 管理与协作

中国科学院资环局是海伦站的主管部门，中国科学院东北地理与农业生态研究所是海伦站的依托单位。建站以来海伦站得到主管部门和依托单位在人员、经费、课题和政策等方面的大力支持，鼓励科研人员以站为依托开展各项试验研究，特别是开展长期定位试验研究。这些支持，不仅保证了实验站在科研、监测和管理等方面的工作顺利开展，而且培养和稳定了一支以中、青年科学家为主体的科研、监测和管理队伍，使实验站能够不断的取得成果。

海伦站在主管部门和依托单位的领导下，实行学术委员会指导的站长负责制。台站的各项工作实行制度化管理，并制定了一系列规章制度，包括站学术委员会制度、站务会议制度、科学研究管理制度、食宿收费标准、车辆管理和使用收费规定、文档管理条例、仪器管理条例、网站管理规定、土地使用合同规则、监测数据管理条例、站管理条例和科技开发管理办法等。台站依据这些制度进行制度化管理，每一位科研人员、管理人员和聘用技术工人都有明确的分工，实现岗位目标管理，责任到人。

海伦站与地方政府和各专业部门有着非常密切的协作关系。这种良好的协作关系推动了中国科学院与黑龙江省的“院地共建”进程。黑龙江省和海伦市政府有关领导人每年都到站指导工作、解决问题或召开现场会。站科技人员经常应邀参加黑龙江省和海伦市各类科技咨询会议和活动，积极主动承担地方有关“三农”发展、生态环境保护等方面的研究课题，并主动为政府的重大决策提供科学依据。此外站通过示范区建设直接为地方企业和农民服务，得到黑龙江省和海伦市政府的充分肯定和高度评价。

第二章

数据资源目录

2.1 生物数据资源目录

数据集名称： 农田作物种类与产值
数据集摘要： 关于粮食作物播种面积、单产、产值等的监测数据
数据集时间范围： 2000—2008 年

数据集名称： 农田复种指数与典型地块作物轮作体系
数据集摘要： 农田复种指数及轮作情况等的监测数据
数据集时间范围： 2000—2008 年

数据集名称： 农田主要作物肥料投入情况
数据集摘要： 关于对农田主要作物使用肥料情况记录数据
数据集时间范围： 2000—2008 年

数据集名称： 农田主要作物农药、除草剂、生长剂等投入情况
数据集摘要： 关于对农田主要作物使用农药、除草剂、生长剂的情况记录
数据集时间范围： 2000—2008 年

数据集名称： 农田灌溉制度
数据集摘要： 记录农田灌溉方式及灌溉量数据
数据集时间范围： 2000—2008 年

数据集名称： 小麦生育动态观测
数据集摘要： 记录小麦生育动态观测的数据
数据集时间范围： 2000—2008 年

数据集名称： 玉米生育动态观测
数据集摘要： 记录玉米生育动态观测的数据
数据集时间范围： 2000—2008 年

数据集名称： 大豆生育动态观测
数据集摘要： 记录大豆生育动态观测的数据
数据集时间范围： 2000—2008 年

数据集名称：作物叶面积与生物量动态
数据集摘要：记录农田作物叶面积指数与生物量动态变化的数据
数据集时间范围：2000—2008 年

数据集名称：耕作层作物根生物量
数据集摘要：记录作物根部位的生物量
数据集时间范围：2000—2008 年

数据集名称：作物根系分布
数据集摘要：记录作物不同层次根系的根生物量数据
数据集时间范围：2000—2008 年

数据集名称：小麦收获期植株性状
数据集摘要：关于小麦各种生育指标的测定数据
数据集时间范围：2000—2008 年

数据集名称：玉米收获期植株性状
数据集摘要：关于玉米各种生育指标的测定数据
数据集时间范围：2000—2008 年

数据集名称：大豆收获期植株性状
数据集摘要：关于大豆各种生育指标的测定数据
数据集时间范围：2000—2008 年

数据集名称：作物收获期测产
数据集摘要：关于农田作物产量的测定数据
数据集时间范围：2000—2008 年

数据集名称：农田作物矿质元素含量与能值
数据集摘要：记录作物各种器官的各类元素含量及热值的分析结果数据
数据集时间范围：2000—2008 年

数据集名称：土壤微生物生物量碳季节动态
数据集摘要：关于农田土壤中土壤微生物生物量碳季节动态数据
数据集时间范围：2000—2008 年

2.2　土壤数据资源目录

数据集名称：农田土壤交换量
数据集摘要：农田土壤交换性阳离子总量、交换性酸总量、各阳离子交换量
数据集时间范围：2000—2008 年

数据集名称：农田表层土壤养分
数据集摘要：农田表层土壤养分、有机质、全氮、pH
数据集时间范围：2000—2008 年

数据集名称：农田土壤矿质全量
数据集摘要：农田土壤各矿质元素的全量组成
数据集时间范围：2000—2008 年

数据集名称：农田土壤微量元素和重金属元素
数据集摘要：农田土壤微量元素以及重金属元素的含量，例如全硼，全钼，全锰等
数据集时间范围：2000—2008 年

数据集名称：农田速效土壤微量元素
数据集摘要：农田土壤速效微量元素含量
数据集时间范围：2000—2008 年

数据集名称：农田土壤机械组成
数据集摘要：农田土壤机械组成，包括各级别颗粒的百分比组成
数据集时间范围：2000—2008 年

数据集名称：农田土壤容重
数据集摘要：农田土壤容重
数据集时间范围：2000—2008 年

2.3 水分数据资源目录

数据集名称：农田生态系统土壤含水量表
数据集摘要：中子仪测量农田土壤体积含水量和土层储水量
数据集时间范围：2000—2008 年

数据集名称：农田生态系统烘干法土壤含水量表
数据集摘要：烘干法测量农田土壤质量含水量和土层储水量
数据集时间范围：2000—2008 年

数据集名称：农田生态系统地表水、地下水水质状况表
数据集摘要：地表水和地下水的水质状况分析
数据集时间范围：2000—2008 年

数据集名称：农田生态系统地下水位记录表
数据集摘要：地下水的水位
数据集时间范围：2000—2008 年

数据集名称：农田生态系统土壤水分常数表
数据集摘要：土壤田间持水量，土壤凋萎含水量，土壤孔隙度总量
数据集时间范围：2000—2008 年

数据集名称：水面蒸发量表
数据集摘要：记录各农田站的水面蒸发量表
数据集时间范围：2000—2008 年

数据集名称：农田水分特征曲线
数据集摘要：农田含水量与水吸力对应值列表
数据集时间范围：2000—2008 年

数据集名称：雨水水质表
数据集摘要：雨水水质表
数据集时间范围：2000—2008 年

数据集名称：农田灌溉量记录表
数据集摘要：记录各生态站农田灌溉量
数据集时间范围：2000—2008 年

2.4 大气数据资源目录

数据集名称：海伦站站区自动气象观测站干球温度各日逐时观测表
数据集摘要：记录海伦站每日 24 小时的干球温度
数据集时间范围：2000—2008 年

数据集名称：海伦站站区自动气象观测站湿球温度各日逐时观测表
数据集摘要：记录海伦站每日 24 小时的湿球温度
数据集时间范围：2000—2008 年

数据集名称：海伦站站区自动气象观测站相对湿度各日逐时观测表
数据集摘要：记录海伦站每日 24 小时的相对湿度
数据集时间范围：2000—2008 年

数据集名称：海伦站站区自动气象观测站大气压强各日逐时观测表
数据集摘要：记录海伦站每日 24 小时的大气压强
数据集时间范围：2000—2008 年

数据集名称：海伦站站区自动气象观测站地表温度各日逐时观测表
数据集摘要：记录海伦站每日 24 小时的地表温度
数据集时间范围：2000—2008 年

数据集名称：海伦站站区自动气象观测站风向各日逐时观测表
数据集摘要：记录海伦站每日 24 小时的风向
数据集时间范围：2000—2008 年

数据集名称：海伦站站区自动气象观测站风速各日逐时观测表
数据集摘要：记录海伦站每日 24 小时的风速
数据集时间范围：2000—2008 年

数据集名称：海伦站站区自动气象观测站降水各日逐时观测表
数据集摘要：记录海伦站每日 24 小时的降水
数据集时间范围：2000—2008 年

数据集名称：海伦站站区自动气象观测站逐日蒸发量、雪深观测表
数据集摘要：记录海伦站蒸发量、雪深的日平均值
数据集时间范围：2000—2008 年

数据集名称：海伦站站区自动气象观测站各月逐日太阳辐射总量
数据集摘要：记录海伦站各种太阳辐射总量的日平均值
数据集时间范围：2000—2008 年

数据集名称：海伦站站区自动气象观测站蒸发量、雪深月平均值表
数据集摘要：记录海伦站蒸发量、雪深的月平均值
数据集时间范围：2000—2008 年

数据集名称：海伦站站区自动气象观测站太阳辐射总量月平均值表
数据集摘要：记录海伦站各种太阳辐射总量的月平均值
数据集时间范围：2000—2008 年

第三章

观测场与采样地

3.1 概述

根据海伦站的研究方向和 CERN 的要求，建立了观测水、土、气、生各生态要素的综合观测场和辅助观测场。共设有 11 个观测场，19 个采样地（见表 3-1），各个观测场的空间位置图见图 3-1，长期观测的农作物主要是大豆和玉米。

表 3-1 海伦站观测场、采样地一览表

观测场名称	观测场代码	采样地名称	采样地代码
海伦站综合观测场	HLAZH01	综合观测场土壤生物长期观测采样地	HLAZH01ABO_01
	HLAZH01	综合观测场中子管采样地（3 根中子管）	HLAZH01CTS_01
	HLAZH01	综合观测场地下水井 1 号	HLAZH01CDX_01
	HLAZH01	综合观测场蒸渗仪 1 号	HLAZH01CZS_01
海伦站气象观测场	HLAQX02	综合观测场小气候站	
海伦站气象观测场	HLAQX01	气象观测场中子管 1 号（2 根中子管）	HLAQX01CTS_01
	HLAQX01	气象观测场 E601 蒸发皿	HLAQX01CZF_01
	HLAQX01	气象观测场地下水井 1 号	HLAQX01CDX_01
海伦站办公区内地下水位观测井辅助观测场	HLAFZ10	海伦站办公区内地下水位辅助观测井 1 号	HLAFZ10CDX_01
海伦站农田辅助观测场土壤生物监测长期采样地（空白）	HLAFZ01	辅助观测场土壤生物监测长期采样地（空白）	HLAFZ01ABO_01
海伦站辅助观测场土壤生物监测长期采样地（秸秆还田）	HLAFZ02	辅助观测场土壤生物监测长期采样地（秸秆还田）	HLAFZ02ABO_01
海伦站水肥耦合长期定位试验辅助观测场	HLAFZ03	水肥耦合长期定位试验中子水分观测点	HLAFZ03CTS_01
	HLAFZ03	水肥耦合长期定位试验烘干法测定土壤水分采样地	HLAFZ03CHG_01
海伦站不同耕法长期定位试验辅助观测场	HLAFZ04	不同耕法长期定位试验烘干法测定土壤水分采样地	HLAFZ04CHG_01
海伦站生态恢复大区试验长期定位试验辅助观测场	HLAFZ05	生态恢复大区试验长期定位试验中子管 1 号（自然植被状态）	HLAFZ05CTS_01
	HLAFZ05	生态恢复大区试验长期定位试验中子管 2 号（裸地状态）	HLAFZ05CTS_02
海伦站胜利村站区调查点	HLAZQ01	胜利村站区 76 号地调查点土壤生物采样地	HLAZQ01ABO_01
	HLAZQ01	胜利村站区 67 号地调查点土壤生物采样地	HLAZQ01ABO_02
海伦站光荣村小流域站区调查点	HLAZQ02	光荣村小流域站区调查点土壤生物采样地	HLAZQ02ABO_01
	HLAZQ02	海伦站流动地表水水质监测长期采样点	HLAZQ02CLB_01

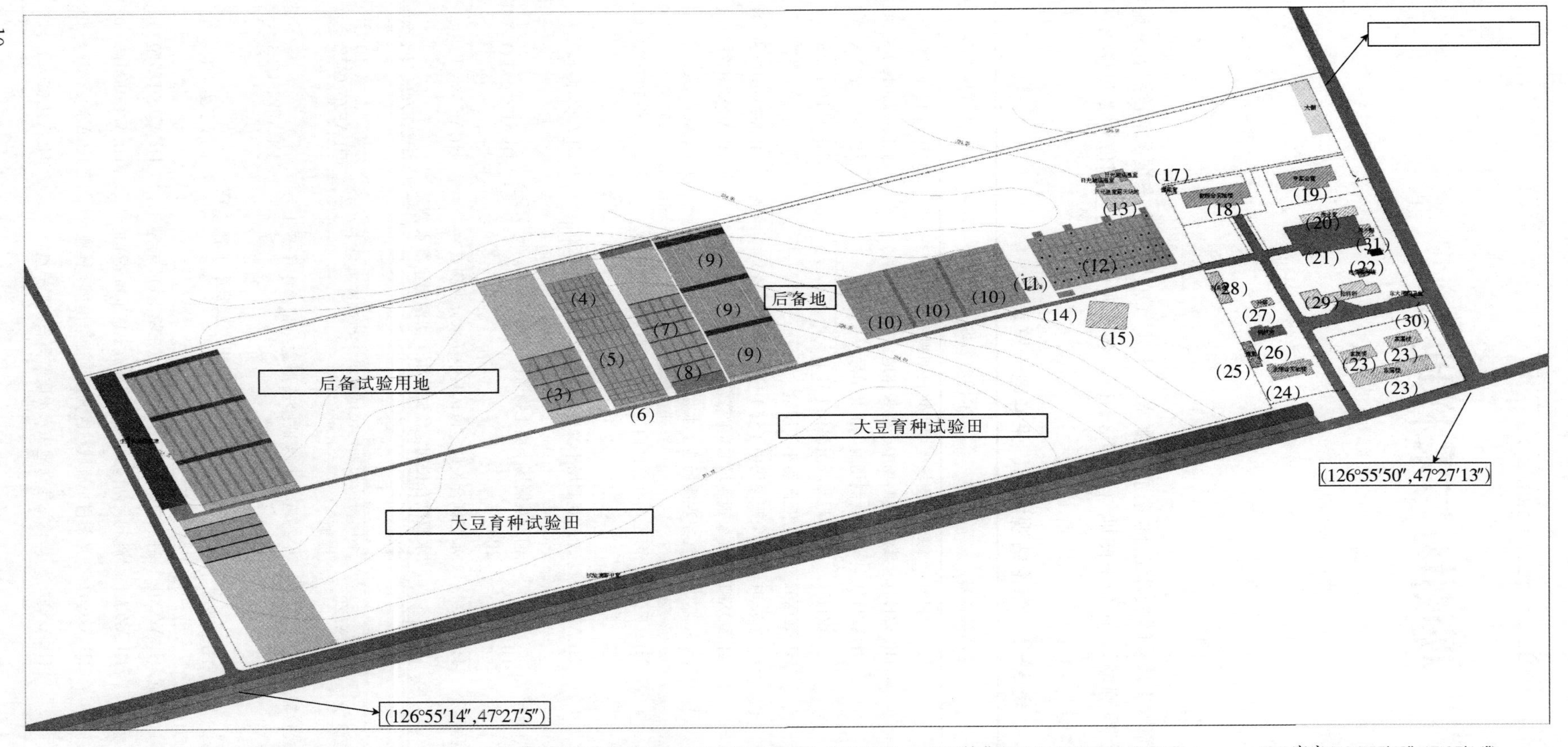

(1)生态恢复大区长期定位试验(126°55′10″, 47°27′12″)
(2)不同经营制度长期定位试验(126°55′13″, 47°27′12″)
(3)土壤潜在养分长期定位试验(126°55′23″, 47°27′14″)
(4)氮磷界面长期定位试验(126°55′24″, 47°27′16″)
(5)氮磷钾养分循环长期定位试验(126°55′24″, 47°27′14″)
(6)生态恢复小区长期定位试验(126°55′25″, 47°27′13″)
(7)土壤肥力长期定位试验(126°55′26″, 47°27′15″)
(8)土壤有机质长期定位试验(126°55′27″, 47°27′14″)
(9)土壤保护性耕作长期定位试验(126°55′28″, 47°27′16″)
(10)综合观测场长期采样地(126°55′33″, 47°27′16″)
(11)土壤水分观测场(126°55′37″, 47°27′17″)
(12)水肥耦合效应长期定位试验(126°55′39″, 47°27′18″)
(13)日光温室(126°55′39″, 47°27′18″)
(14)生态恢复微区长期定位试验(126°55′38″, 47°27′16″)
(15)气象观测场(126°55′37″, 47°27′17″)
(16)作物连作效应长期定位试验(126°55′25″, 47°27′13″)
(17)储藏室(126°55′41″, 47°27′19″)
(18)新综合实验楼(126°55′42″, 47°27′19″)
(19)专家公寓(126°55′44″, 47°27′20″)
(20)作业室(126°55′45″, 47°27′19″)
(21)晾晒场(126°55′45″, 47°27′18″)
(22)配电室(126°55′47″, 47°27′17″)
(23)家属楼(126°55′47″, 47°27′14″)
(24)原综合实验楼(126°55′44″, 47°27′14″)
(25)库房(126°55′43″, 47°27′14″)
(26)锅炉房(126°55′43″, 47°27′15″)
(27)井房(126°55′43″, 47°27′16″)
(28)农具棚(126°55′42″, 47°27′16″)
(29)原招待所(126°55′45″, 47°27′16″)
(30)东大门门卫(126°55′47″, 47°27′16″)
(31)风干棚(126°55′46″, 47°27′18″)

图 3-1 海伦站主要设施分布图(观测场或设施的经纬度为中心位置)

3.2　观测场介绍

3.2.1　综合观测场（HLAZH01）

海伦站综合观测场建于1992年，设计使用150年。代表东北黑土农田生态系统，该系统是本区域粮食主要产区，面积在本区域占有绝对优势。该区属温带大陆性季风气候。冬季在极地大陆气团控制下，气候严寒、干燥；夏季受热带海洋气团影响，气候温暖、湿润。平均气温1.0～7.0℃，无霜期110～150天，≥10℃的积温为2 000～3 000℃，日照时数2 400～2 900小时，年平均降雨量500～600mm，全年降雨68%集中于5～9月份。光、温、水同期，有利于大豆、玉米、水稻、小麦、高粱、谷糜、甜菜、亚麻、果菜等各种作物生长。

本观测场为旱田，土壤类型为黑土（土类），土种为中厚黑土，母质为第四纪黄土。土壤剖面特征为：上部土层（A层，AB层）以壤质黏土为主，B层和C层粉砂粒的含量高，质地大都为粉砂质黏壤土土粒组成，以粉砂粒和黏粒两级为主，约占55%～80%左右。肥力水平中等，地下水埋深25m，在作物生长季节里不灌水，轮作方式始于1993年，玉米—大豆轮作。秋季平翻起垄。施肥制度为：以化肥为主，化肥品种为尿素，磷酸二铵；施肥量：（玉米施肥量为氮素96.0 kg/hm²，磷素施用量是15.1kg/hm²，1/3氮肥和全部磷肥一次性用作基肥施用，另2/3氮肥在玉米拔节期追施。尿素为大庆产尿素，含氮46.1%，磷肥用复合肥美国产磷酸二铵，含氮18%、磷20.1%。大豆施肥量为氮素23.0kg/hm²，磷素施用量是11.7 kg/hm²，秋翻秋起垄；周围视野开阔，主要为农田。综合观测场样地分布图见图3-2。

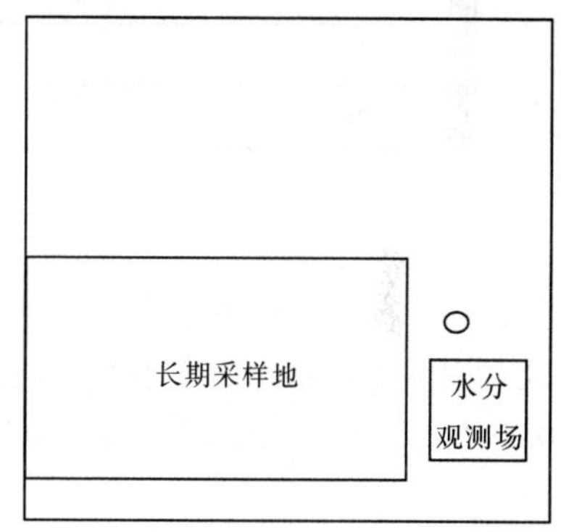

图3-2　综合观测场样地分布图

3.2.1.1　综合观测场土壤生物长期观测采样地（HLAZH01ABO_01）

海伦综合观测场土壤生物采样地设于1992年。2003年10月通过网络同意和专家评价，对长期采样地进行重新规划，扩大了原有面积（原来400m²，目前扩至2 400m²），原样地距离现样地20m远，设计使用150年。①气候类型：属于温带大陆性季风气候型。冬季寒冷干燥，夏季高温多雨，雨热同季。年平均温度1.5℃，极端最高温度为37℃，极端最低温度为－39.5℃。年降水量500～600mm，68%集中在5～9月。年日照时数2 600～2 800小时，无霜期为130天左右。②水文类型：地下水位10～20m，多年平均径流深由东北部的250mm，逐降至西南部30mm。③土壤类型：属松嫩平原典型黑土。土壤分类为中厚黑土。生物样地为5m×5m正方形，土壤样地剖面样品2m×2m正方形，表层样品10m×10m正方形。样地所属海伦站，是永久试验用地，农田气候、小区观测设备齐备样地选址尽量避免土层扰动、能代表综合场的土壤和作物水平。

观测项目包括：土壤有机质、N、P、K养分、微量元素和重金属、pH、阳离子交换量、矿质全量、机械组成、容重。土壤微生物生物量碳、作物生育期、作物叶面积与生物量动态、作物收获期植株性状、耕层根系生物量、生物量与籽实产量、收获期植株各器官元素含量（C、N、P、K、Ca、Mg、S、Si、Zn、Mn、Cu、Fe、B、Mo）与能值、病虫害等。

生物要素采样地与土壤采样地为同一采样地，采样区面积为40m×60m，按20m×20m面积划分，可均分为16个5m×5m采样区，每次采样从6个采样区随机取6份样品，即6次重复。

参照土壤编码方法。将20m×20m小区划分为16个区，以字母A、B、C、D、E、F、G、H、I、J、K、L、M、N、O、P标定范围，每个区又划分出1m×1m小区25个，行编号为①、②、③、

A	B	C	D	A	B	C	D
E	F	G	H	E	F	G	H
I	J	K	L	I	J	K	L
M	N	O	P	M	N	O	P
A	B	C	D	A	B	C	D
E	F	G	H	E	F	G	H
I	J	K	L	I	J	K	L
M	N	O	P	M	N	O	P
A	B	C	D	A	B	C	D
E	F	G	H	E	F	G	H
I	J	K	L	I	J	K	L
M	N	O	P	M	N	O	P

图 3-3 综合观测场生物样方及编码示意图

④、⑤，行内小区编号为 1、2、3、4、5。在取样时，通过对边拉线，确定每个小区的分界线，采样区名用字母表示，每个小区又通过拉线确定采样小区，采样小区用行和行内小区号表示。如编号为 03-A-3-1，表示 2003 年（03），采样区为 A，采样小区行内编号为 3、行号为①。

A	B	C	D
E	F	G	H
I	J	K	L
M	N	O	P

图 3-4 长期采样地采样区编号

①	1	2	3	4	5
②	3	4	1	5	2
③	5	1	2	3	4
④	4	3	5	2	1
⑤	2	5	4	1	3

图 3-5 长期采样地采样区中的小区编号

生物采样方法说明：除站区调查点的面积、灌溉方式及作物布局为农户调查外，其他均为实地自测项目。结合土壤取样相应在取样小区内同时取有代表性样品（数量根据作物不同而异），本采样区面积为 20m×20m，均分为 16 个 5m×5m 的采样区，每次采样从 6 个采样区内取得 6 份样品，即 6 次重复。在长期监测过程中，对每一次采样点的地位置、采样情况和采样条件做详细的定位记录，并在相应的土壤或地形图上做出标识。对于根系分布等破坏性取样，在保护行等样地外或同类有代表性样地进行，避免影响其他采样监测的执行。

土壤采样方法说明：按照规范要求，在每个采样区内采用 S 形取样法取 5 点土样混合为 1 个样品，共取 6 个样品。代表本样地特征，具有均质性。对于土壤剖面等破坏性取样，在保护行等样地外进行，避免影响其他采样监测的执行。

3.2.1.2 综合观测场中子管采样地（HLAZH01CTS_01）

综合观测场中子管采样地主要观测土壤剖面含水量，1 号中子管建立于 2003 年秋，2 号和 3 号为 2004 年 8 月建立，观测时间 150 年。1 号管（HLAZH01CTS_01_01）：东经 126°55′36.48″，北纬

47°27′16.30″；2 号管（HLAZH01CTS _ 01 _ 02）：东经 126°55′36.50″，北纬 47°27′16.35″；3 号管（HLAZH01CTS _ 01 _ 03）：东经 126°55′36.53″，北纬 47°27′16.40″。

中子管共 3 个，分别位于水分观测场西南角与东北角对角线上，定期观测土壤含水量。TDR 位于观测场西南角，各水分观测设施具有同一样地的均质性，编码均按照综合中心 2004 年最新规范实施。

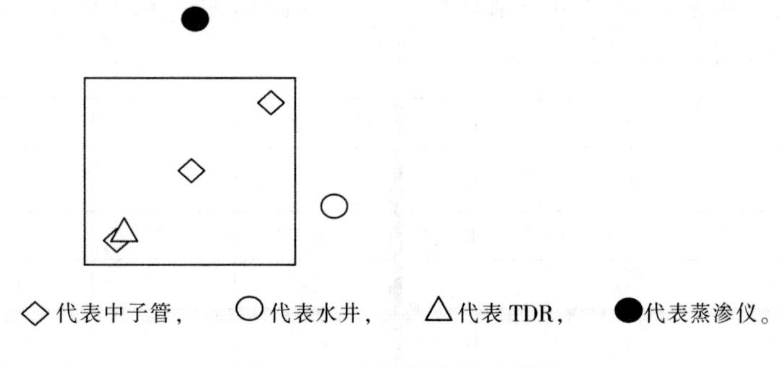

图 3－6　中子管采样示意图

中子水分观测管 5 天观测 1 次，观测时间为 4～10 月。综合观测场蒸渗仪 5 天观测一次，观测时间为 4～10 月。地下水位观测井 5 天观测一次，全年观测。

3.2.1.3　综合观测场地下水井 1 号（HLAZH01CDX _ 01）

综合观测场地下水井 1 号采样点主要用于监测地下水水质、地下水水位，2004 年建立。中心点坐标东经 126°55′36.8″，北纬 47°27′16.4″，具体位置见图 3－6 水井。地下水位观测采用一个标有刻度的绳子，一端系有玻璃空瓶，向井中放入时如碰到水面可听到清晰响声，此时记下绳子刻度即为地下水位读数。水质采样方法：井中水要充分抽汲后进行采集，保证其代表性，采样瓶要用地下水将内壁和瓶盖充分冲洗 3 次，然后直接装瓶，水样必须装满瓶，盖上内盖和外盖，使采样瓶内不留气泡。

3.2.1.4　综合观测场蒸渗仪 1 号（HLAZH01CZS _ 01）

综合观测场蒸渗仪 1 号用于监测农田生态系统农田蒸散量，1995 年建立。样地面积与形状：$3m^2$，矩形，1.5m×2m。经纬度：东经 126°55′36.3″，北纬 47°27′16.7″。全年观测，每天观测 2 次（早 8 点和晚 8 点）。

各水分观测设施具有同一样地的均质性，编码均按照综合中心 2004 年最新规范实施。

3.2.2　农田辅助观测场土壤生物监测长期采样地（空白）（HLAFZ01）

代表我国东北黑土农田生态系统典型农田不施肥管理模式下，土壤要素演变，并与长期观测采样地（仅施化肥）形成对比。本观测场为旱田，土壤类型为黑土（土类），土种为中厚黑土，母质为第四纪黄土。肥力水平中等。在作物生长季节里不灌水，轮作方式始于 1993 年，玉米—大豆轮作，秋季平翻起垄。2003 年 10 月通过网络同意和专家评价，对长期采样地进行重新规划，扩大了原有面积，原样地距离现样地 20m 远，设计使用 150 年。周围视野开阔，主要为农田。观测场面积及形状：矩形，面积 30m×60m＝1 $800m^2$。

①气候类型：属于温带大陆性季风气候型。冬季寒冷干燥，夏季高温多雨，雨热同季。年平均温度 1.5℃，极端最高温度为 37℃，极端最低温度为－39.5℃。年降雨量 500～600mm，68％集中在 5～9 月。年日照时数 2 600～2 800 小时，无霜期为 130 天左右。②水文类型：地下水位 10～20m，多年平均径流深由东北部的 250mm，逐降至西南部 30mm。③土壤类型：属松嫩平原典型黑土。土壤分类为中厚黑土。样地所属海伦站，是永久试验用地，农田气候、小区观测设备齐备样地选址尽量避免土层扰动、能代表观测场的土壤和作物水平。

观测项目包括：土壤有机质、N、P、K 养分、微量元素和重金属、pH、阳离子交换量、矿质全量、机械组成、容重。土壤微生物生物量碳、作物生育期、作物叶面积与生物量动态、作物收获期植株性状、耕层根系生物量、生物量与籽实产量、收获期植株各器官元素含量（C、N、P、K、Ca、Mg、S、Si、Zn、Mn、Cu、Fe、B、Mo）与能值、病虫害等。

生物要素采样地与土壤采样地为同一采样地，采样区面积为 30m×60m，均分为 16 个采样区，每次采样从 6 个采样区随机取 6 份样品，即 6 次重复。

A	B	C	D	A	B	C	D
E	F	G	H	E	F	G	H
I	J	K	L	I	J	K	L
M	N	O	P	M	N	O	P
A	B	C	D	A	B	C	D
E	F	G	H	E	F	G	H
I	J	K	L	I	J	K	L
M	N	O	P	M	N	O	P
A	B	C	D	A	B	C	D
E	F	G	H	E	F	G	H
I	J	K	L	I	J	K	L
M	N	O	P	M	N	O	P

图 3-7　空白地辅助观测场长期土壤、生物观测采样地图示

将小区划分为 16 个区，以字母 A、B、C、D、E、F、G、H、I、J、K、L、M、N、O、P 标定范围，每个区又划分出小区 25 个，行编号为①、②、③、④、⑤，行内小区编号为 1、2、3、4、5。在取样时，通过对边拉线，确定每个小区的分界线，采样区名用字母表示，每个小区又通过拉线确定采样小区，采样小区用行和行内小区号表示。如编号为 03-A-3-1，表示 2003 年（03），采样区为 A，采样小区行内编号为 3、行号为①。

A	B	C	D
E	F	G	H
I	J	K	L
M	N	O	P

图 3-8　空白地长期采样地采样区编号

①	1	2	3	4	5
②	3	4	1	5	2
③	5	1	2	3	4
④	4	3	5	2	1
⑤	2	5	4	1	3

图 3-9　空白地长期采样地采样区中的小区编号

生物采样方法说明：除站区调查点的面积、灌溉方式及作物布局为农户调查外，其他均为实地自测项目。结合土壤取样相应在取样小区内同时取有代表性样品（数量根据作物不同而异），每次采样从 6 个采样区内取得 6 份样品，即 6 次重复。在长期监测过程中，对每一次采样点的地位置、采样情况和采样条件作详细的定位记录，并在相应的土壤或地形图上做出标识。对于根系分布等破坏性取

样，在保护行等样地外或同类有代表性样地进行，避免影响其他采样监测的执行。

土壤采样方法说明：按照规范要求，在每个采样区内采用 S 形取样法取 5 点土样混合为 1 个样品，共取 6 个样品。代表本样地特征，具有均质性。对于土壤剖面等破坏性取样，在保护行等样地外进行，避免影响其他采样监测的执行。

3.2.3　辅助观测场土壤生物监测长期采样地（秸秆还田）（HLAFZ02）

代表东北黑土农田生态系统秸秆还田管理模式下，土壤要素演变，并与长期观测采样地（仅施化肥）形成对比。

本观测场为旱田，土壤类型为黑土（土类），土种为中厚黑土，母质为第四纪黄土。肥力水平中等。在作物生长季节里不灌水，轮作方式始于 1993 年，玉米—大豆轮作。秋季平翻起垄。2003 年 10 月通过网络同意和专家评价，对长期采样地进行重新规划，扩大了原有面积，原样地距离现样地 20m 远，设计使用 150 年。周围视野开阔，主要为农田。观测场面积及形状：矩形，面积 30m×60m＝1 800m^2。

①气候类型：属于温带大陆性季风气候型。冬季寒冷干燥，夏季高温多雨，雨热同季。年平均温度 1.5℃，极端最高温度为 37℃，极端最低温度为－39.5℃。年降雨量 500～600mm，68%集中在 5～9 月。年日照时数 2 600～2 800 小时，无霜期为 130 天左右。②水文类型：地下水位 10～20m，多年平均径流深由东北部的 250mm，逐降至西南部 30mm。③土壤类型：属松嫩平原典型黑土。土壤分类为中厚黑土。样地所属海伦站，是永久试验用地，农田气候、小区观测设备齐备样地选址尽量避免土层扰动、能代表观测场的土壤和作物水平。

观测项目包括：土壤有机质、N、P、K 养分、微量元素和重金属、pH、阳离子交换量、矿质全量、机械组成、容重。土壤微生物生物量碳、作物生育期、作物叶面积与生物量动态、作物收获期植株性状、耕层根系生物量、生物量与籽实产量、收获期植株各器官元素含量（C、N、P、K、Ca、Mg、S、Si、Zn、Mn、Cu、Fe、B、Mo）与能值、病虫害等。

生物要素采样地与土壤采样地为同一采样地，采样区面积为 30m×60m，均分为 16 个采样区，每次采样从 6 个采样区随机取 6 份样品，即 6 次重复。

A	B	C	D	A	B	C	D
E	F	G	H	E	F	G	H
I	J	K	L	I	J	K	L
M	N	O	P	M	N	O	P
A	B	C	D	A	B	C	D
E	F	G	H	E	F	G	H
I	J	K	L	I	J	K	L
M	N	O	P	M	N	O	P
A	B	C	D	A	B	C	D
E	F	G	H	E	F	G	H
I	J	K	L	I	J	K	L
M	N	O	P	M	N	O	P

图 3－10　秸秆还田辅助观测场长期土壤、生物观测采样地图示

将小区划分为16个区，以字母A、B、C、D、E、F、G、H、I、J、K、L、M、N、O、P标定范围，每个区又划分出小区25个，行编号为①、②、③、④、⑤，行内小区编号为1、2、3、4、5。在取样时，通过对边拉线，确定每个小区的分界线，采样区名用字母表示，每个小区又通过拉线确定采样小区，采样小区用行和行内小区号表示。如编号为03-A-3-1，表示2003年（03），采样区为A，采样小区行内编号为3、行号为①。

A	B	C	D
E	F	G	H
I	J	K	L
M	N	O	P

图3-11 秸植还田长期采样地采样区编号

①	1	2	3	4	5
②	3	4	1	5	2
③	5	1	2	3	4
④	4	3	5	2	1
⑤	2	5	4	1	3

图3-12 秸秆还田长期采样地采样区中的小区编号

生物采样方法说明：除站区调查点的面积、灌溉方式及作物布局为农户调查外，其他均为实地自测项目。结合土壤取样相应在取样小区内同时取有代表性样品（数量根据作物不同而异），每次采样从6个采样区内取得6份样品，即6次重复。在长期监测过程中，对每一次采样点的地位置、采样情况和采样条件作详细的定位记录，并在相应的土壤或地形图上做出标识。对于根系分布等破坏性取样，在保护行等样地外或同类有代表性样地进行，避免影响其他采样监测的执行。

土壤采样方法说明：按照规范要求，在每个采样区内采用S形取样法取5点土样混合为1个样品，共取6个样品。代表本样地特征，具有均质性。对于土壤剖面等破坏性取样，在保护行等样地外进行，避免影响其他采样监测的执行。

3.2.4 海伦站胜利村站区调查点（HLAZQ01）

2004年建立，可观测150年。代表东北黑土农田生态系统，该系统是本区域粮食主要产区，面积在本区域占有绝对优势。本观测场为旱田，土壤类型为黑土（土类），土种为中厚黑土，母质为第四纪黄土。肥力水平中等。在作物生长季节里不灌水，玉米—大豆轮作，秋季平翻起垄。周围视野开阔，主要为农田。

土壤剖面特征：上部土层（A层，AB层）以壤质黏土为主，B层和C层粉砂粒的含量高，质地大都为粉砂质黏壤土土粒组成，以粉砂粒和黏粒两级为主，约占55%～80%左右。施肥化肥为主，化肥品种为尿素，磷酸二铵；1983年施肥量玉米施肥量为氮素86.0kg/hm^2，磷素施用量是13.2kg/hm^2，秋翻秋起垄；大豆施肥量为氮素18.0kg/hm^2，磷素施用量是9.7kg/hm^2，秋翻秋起垄。1998年施肥量玉米施肥量为氮素96.0kg/hm^2，磷素施用量是15.1kg/hm^2，秋翻秋起垄；大豆施肥量为氮素20.0kg/hm^2，磷素施用量是11.2kg/hm^2，秋翻秋起垄。2001年施肥量玉米施肥量为氮素138.0kg/hm^2，磷素施用量是16.3kg/hm^2，秋翻秋起垄；大豆施肥量为氮素23.0kg/hm^2，磷素施用量是11.7kg/hm^2，秋翻秋起垄。肥料施用方式：以基肥一次性于播种前施入。

将20m×20m小区划分为16个区，以字母A、B、C、D、E、F、G、H、I、J、K、L、M、N、

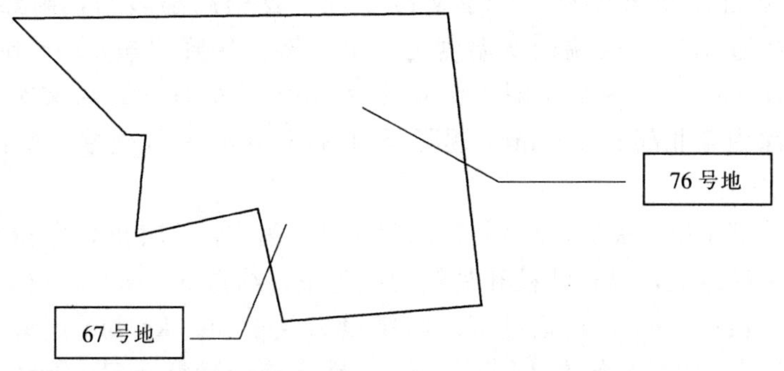

共 2 个土壤、生物采样地：每年进行土壤、生物数据采样。

图 3-13　胜利村站区 76 号地调查点生物采样地（HLAZQ01AB0_01）、
胜利村站区 67 号地调查点生物采样地（HLAZQ01AB0_01）

O、P 标定范围，每个区又划分出 1m×1m 小区 25 个，行编号为①、②、③、④、⑤，行内小区编号为 1、2、3、4、5。在取样时，通过对边拉线，确定每个小区的分界线，采样区名用字母表示，每个小区又通过拉线确定采样小区，采样小区用行和行内小区号表示。如编号为 03-A-3-1，表示 2003 年（03），采样区为 A，采样小区行内编号为 3、行号为①。

A	B	C	D
E	F	G	H
I	J	K	L
M	N	O	P

图 3-14　胜利村站长期采样地采样区编号

①	1	2	3	4	5
②	3	4	1	5	2
③	5	1	2	3	4
④	4	3	5	2	1
⑤	2	5	4	1	3

图 3-15　胜利村站长期采样地采样区中的小区编号

生物采样方法说明：除站区调查点的面积、灌溉方式及作物布局为农户调查外，其他均为实地自测项目。结合土壤取样相应在取样小区内同时取有代表性样品（数量根据作物不同而异），每次采样从 6 个采样区内取得 6 份样品，即 6 次重复。在长期监测过程中，对每一次采样点的地位置、采样情况和采样条件作详细的定位记录，并在相应的土壤或地形图上做出标识。对于根系分布等破坏性取样，在保护行等样地外或同类有代表性样地进行，避免影响其他采样监测的执行。

土壤采样方法说明：按照规范要求，在每个采样区内采用 S 形取样法取 5 点土样混合为 1 个样品，共取 6 个样品。代表本样地特征，具有均质性。对于土壤剖面等破坏性取样，在保护行等样地外进行，避免影响其他采样监测的执行。

3.2.5　海伦站光荣村小流域站区调查点（HLAZQ024）

2004 年建立，可观测 150 年。代表东北黑土农田生态系统，农田大都为岗地、坡地，该系统是本区域粮食主要产区之一，面积在本区域占优很大比例。本观测场为旱田，土壤类型为黑土（土类），土种为中厚黑土，母质为第四纪黄土。肥力水平中等。在作物生长季节里不灌水，玉米大豆轮作，秋季平翻起垄周围视野开阔，主要为农田。种植作物为小麦—玉米—大豆轮作，一年种一季，玉米、大豆春天 5 月初种植，9 月 30 日～10 月 10 日收获，生育期为 120 天左右，。①气候类型：属于温带大陆性季风气候型。冬季寒冷干燥，夏季高温多雨，雨热同季。年平均温度1.5℃，极端最高温度为37℃，极端最低温度为－39.5℃。年降水量500～600mm，68%集中在5～9月。年日照时数2 600～2 800小时，无霜期为130天左右。②水文类型：地下水位10～20m，多年平均径流深由东北部的250mm，逐降至西南部30mm。③土壤类型：属松嫩平原典型黑土。土壤分类为中厚黑土。

土壤剖面特征：上部土层（A层，AB层）以壤质黏土为主，B层和C层粉砂粒的含量高，质地大都为粉砂质黏壤土土粒组成，以粉砂粒和黏粒两级为主，约占55～80%左右。施肥化肥为主，化肥品种为尿素，磷酸二铵；1983年施肥量玉米施肥量为氮素86.0kg/hm^2，磷素施用量是13.2kg/hm^2，秋翻秋起垄；大豆施肥量为氮素18.0kg/hm^2，磷素施用量是9.7kg/hm^2，秋翻秋起垄。1998年施肥量玉米施肥量为氮素96.0kg/hm^2，磷素施用量是15.1kg/hm^2，秋翻秋起垄；大豆施肥量为氮素20.0kg/hm^2，磷素施用量是11.2kg/hm^2，秋翻秋起垄；。2001年施肥量玉米施肥量为氮素138.0kg/hm^2，磷素施用量是16.3kg/hm^2，秋翻秋起垄；大豆施肥量为氮素23.0kg/hm^2，磷素施用量是11.7kg/hm^2，秋翻秋起垄。肥料施用方式：以基肥一次性于播种前施入。

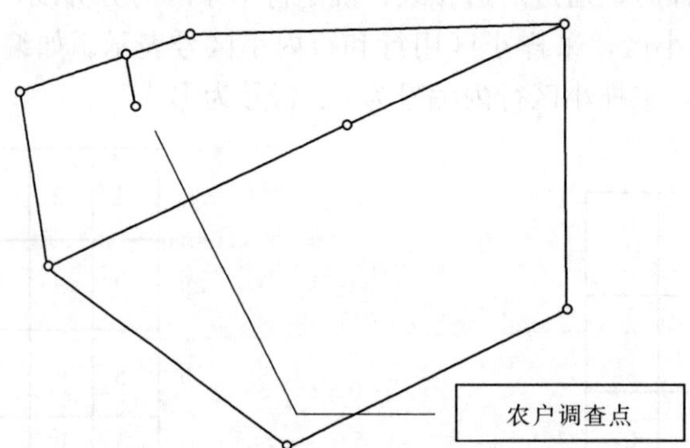

共1个土壤、生物采样地：每年进行土壤、生物数据采样。

图3－16　光荣村小流域站区调查点土壤生物采样地（HLAZQ02AB0＿01）

将20m×20m小区划分为16个区，以字母A、B、C、D、E、F、G、H、I、J、K、L、M、N、O、P标定范围，每个区又划分出1m×1m小区25个，行编号为①、②、③、④、⑤，行内小区编号为1、2、3、4、5。在取样时，通过对边拉线，确定每个小区的分界线，采样区名用字母表示，每个小区又通过拉线确定采样小区，采样小区用行和行内小区号表示。如编号为03－A－3－1，表示2003年（03），采样区为A，采样小区行内编号为3、行号为①。

A	B	C	D
E	F	G	H
I	J	K	L
M	N	O	P

图3－17　光荣村站长期采样地采样区编号

①	1	2	3	4	5
②	3	4	1	5	2
③	5	1	2	3	4
④	4	3	5	2	1
⑤	2	5	4	1	3

图3－18　光荣村站长期采样地采样区中的小区编号

除面积、灌溉方式及作物布局为农户调查外，其他均为实地自测项目。结合土壤取样相应在取样小区内同时取有代表性样品（数量根据作物不同而异），本采样区面积为 20m×20m，均分为 16 个 5m×5m 的采样区，每次采样从 6 个采样区内取得 6 份样品，即 6 次重复。在长期监测过程中，对每一次采样点的地位置、采样情况和采样条件作详细的定位记录，并在相应的土壤或地形图上做出标识。对于根系分布等破坏性取样，在保护行等样地外或同类有代表性样地进行，避免影响其他采样监测的执行。

按照规范要求，在每个采样区内采用 S 形取样法取 5 点土样混合为 1 个样品，共取 6 个样品（6 次重复）。代表本样地特征，具有均质性。对于土壤剖面等破坏性取样，在保护行等样地外进行，避免影响其他采样监测的执行。

3.2.6 海伦站气象观测场（HLAQX01）

图 3-19 海伦站气象观测场

2004 年 9 月安装了新的水面蒸发系统。2004 年 10 月安装了新的气象自动站及人工观测设备；同时对气象场内的其他设备布局重新进行了调整。对气象站内道路的重新规划，在精确测量的基础上，在道路的下面建成深 60cm，宽 60cm 的砖砌的电缆沟 100 延长米。电缆沟的上端覆盖一层钢筋混凝土预制板，步道板在同一水平面上，即以人行道为准进行超平而不以气象站内的地面为准。在电缆沟的下面全程铺设防雷网专用镀锌铁条，作为防雷网的组成部分根据仪器的安装位置均匀埋下 12 根 2m 长的镀锌钢管。镀锌管、铁条焊接联网之后用摇表测定了电阻值以确保防雷效果达到气象标准。在电缆沟内全部铺设双排塑料管，分别用于铺设电源线及数据线。自动站及人工气象观测的主风杆、辐射架（及所有地锚线等）的安装全部严格按照正南正北，并用钢筋混凝土浇筑地基并进行超平。

按要求安装了自动站的主风杆、辐射杆。

挖出深埋地下的原施工钢筋混凝土地基，包括原风杆，原观测房共计 5m^3。拆除了原来建于气象场内的房屋。

人工观测方面也进行了彻底的更新。安装了新的风杆，配备了新的风向风速仪、电接风、空盒气压表、雨量桶、日照计，换了玻璃钢的百叶箱及各种温度表。

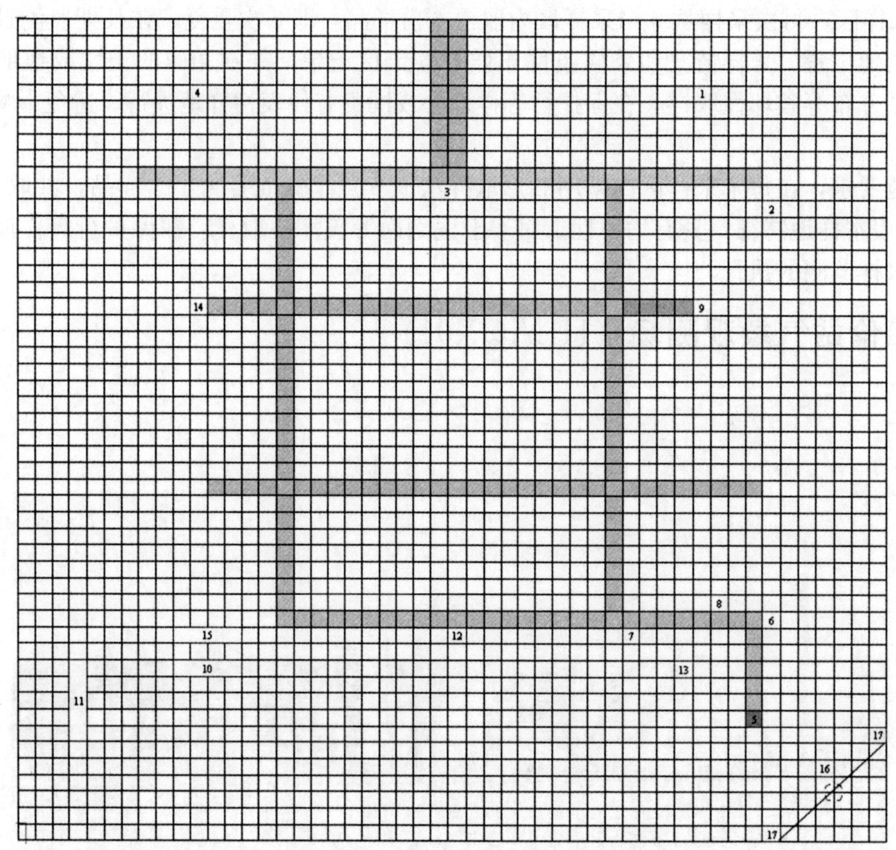

图 3-20 海伦站气象站平面网格示意图

整个气象站25m长25m宽。每一个格代表0.5m。各位置的尺寸为大约值。灰色部分为人行道及其下的地沟①自动站主机及风干；②自动站辐射表；③百叶箱（干湿表）；④电接风；⑤水面蒸发桶及水圈（HLAQX01CZF_01）；⑥水面蒸发传感器；⑦水面蒸发器数据采集器；⑧补水桶；⑨自动站雨量桶；⑩自动站地温表；⑪地下水监测器；⑫日照计；⑬冻土器；⑭人工雨量计；⑮人工地温计；⑯地下水观测井（HLAQX01CDX_01）；⑰中子管（HLAQX01CTS_01，共2支）；⑱雨水采集器。一些距离：入门道路：5.5m；1和4到道路的距离为2.0m；“目”字的第一个格（上数）宽为3.4m，第二个格为4.4m，第三个格为3.4m；“目”字的总宽为9.4m；2到“目”右边的距离为：3.6m；“目”字两边到围栏的距离为7.3m；

水面蒸发自动系统（HLAQX01CZF_01）：通过水面蒸发系统记录每小时的蒸发量、降雨量及水温；通过水面蒸发系统记录日蒸发量及降雨量；由水面蒸发器数据采集器自动定时采集数据（1次/小时）。

土壤含水量中子仪测量管（HLAQX01CTS_01）：人工定时用中子仪测量采集土壤水分数据。用中子仪测量气象场内的10，20，30，40，50，70，90，110，130，150，170，190，210，230，250，270cm的土壤容积含水量。

地下水观测井（HLAQX01CDX_01）：测量地下水位、水质。地下水位观测采用一个标有刻度的绳子，一端系有玻璃空瓶，向井中放入时如碰到水面可听到清晰响声，此时记下绳子刻度即为地下水位读数。水质采样方法：井中水要充分抽汲后进行采集，保证其代表性，采样瓶要用地下水将内壁和瓶盖充分冲洗3次，然后直接装瓶，水样必须装满瓶，盖上内盖和外盖，使采样瓶内不留气泡。

3.2.7 海伦站水肥耦合长期定位试验辅助观测场（HLAFZ03）

代表东北黑土农田生态系统，该系统是本区域粮食主要产区，面积在本区域占有绝对优势。本观测场为旱田，土壤类型为黑土，土种为中厚黑土，母质为第四纪黄土。肥力水平中等。在作物生长季节里不灌水，轮作方式始于 1993 年，玉米—大豆轮作，秋季平翻起垄。周围视野开阔，主要为农田。

1930—1950 年，主要是玉米—大豆—小麦轮作，1950—1978 年种植蔬菜，1978 年后成为中国科学院海伦农业生态实验站种子田，主要繁殖小麦、大豆种子。本观测场自 1993 年建立即严格按照网络要求进行土地管理和利用。

观测场面积 3 891.7m^2。

4 个肥料水平包括 F1 无肥，F2 中肥，F3 高肥，F4 高肥＋有机肥。

F1 无肥：对照；

F2 中肥：玉米 N 96.0kg/hm^2、P_2O_5 34.5kg/hm^2；

F3 高肥：玉米 N 138.0kg/hm^2、P_2O_5 69.0kg/hm^2；

F4 高肥＋有机肥：玉米 N 138.0kg/hm^2、P_2O_5 69.0kg/hm^2，腐熟农家肥 30 000kg/hm^2。

肥料施用方式：以基肥一次性于播种前施入。

灌溉制度：井水灌溉，根据土壤含水量控制不同处理的灌水量。达到“适宜水分”保持田间持水量的 60%～75%；“充足水分”保持田间持水量 75%以上。

S_4F_2	S_2F_2	W35 HP S_2F_1	S_3F_2	S_2F_2	W34 HP S_2F_2	S_2F_3	S_2F_1	S_4F_2	S_3F_2	W33 HP S_2F_2	S_4F_2	S_3F_2	S_3F_1	S_4F_1	W32 HP S_2F_2
S_3F_1 H	S_3F_2 H	S_2F_2	S_3F_2 H	S_2F_2	S_4F_2 H	S_4F_2 H	S_2F_2	S_2F_2	S_2F_2	S_2F_1	S_4F_1 H	S_2F_2	W31 H S_3F_2	W30 H S_4F_2	S_2F_1
S_2F_1	W29 S_4F_1	W28 S_4F_2	S_2F_2	W27 S_2F_2	W26 S_3F_2	W25 S_3F_1	S_2F_2	W24 S_3F_2	W23 S_4F_2	W22 S_3F_2	W21 S_2F_2	W20 S_2F_2	W19 S_2F_2	W18 S_2F_1	W17 S_4F_2
W16 S_2F_2	W15 S_3F_2	W14 S_3F_1	W13 xS_2F_1	W12 xS_2F_2	W11 S_2F_2	W10 S_4F_1	W9 S_2F_1	W8 S_3F_2	W7 S_4F_2E	W6 xS_2F_2	W5 S_2F_2	W4 S_4F_2	W3 S_4F_2F	W2 S_3F_2	W1 xS_2F_2

水肥耦合共 16 个处理，小区面积 50.4m^2（长 12m，宽 4.2m），随机排列，4 次重复。

S_1 干旱，S_2 自然降水，S_3 适宜水分，S_4 充足水分；F_1 无肥，F_2 中肥，F_3 高肥，F_4 高肥＋有机肥。

注：W1-35：中子水分管埋设小区，其中 1——35 代表中子水分管号；

P：代表此小区有防雨棚，2000 年制作，防雨棚 5×4.2m，此小区从北池梗向南 5 延长米建有池梗；

H：烘干法测定土壤水分；

X：2003 年开始烘干法测定土壤含水量。

图 3-21 海伦站水肥耦合长期定位试验辅助观测场情况

3.2.8 海伦站不同耕法长期定位试验辅助观测场（HLAFZ04）

代表东北黑土农田生态系统，该系统是本区域粮食主要产区，面积在本区域占有绝对优势。本观测场为旱田，土壤类型为黑土，土种为中厚黑土，母质为第四纪黄土。肥力水平中等。在作物生长季节里不灌水，轮作方式始于 1993 年，以春小麦—玉米—大豆 3 年为一个轮作周期。土壤耕作处理包括旋松耕法；平翻耕法；深松耕法；现行耕法；组合耕法。周围视野开阔，主要为农田。

1930—1950 年，主要是玉米—大豆—小麦轮作，1950—1978 年种植蔬菜，1978 年后成为中国科学院海伦农业生态实验站种子田，主要繁殖小麦、大豆种子。本观测场自 1992 年建立即严格试验管理要求进行土地管理和利用。

轮作耕作措施	小麦→	玉米→	大豆→
旋松耕法	麦收后旋松起垄	秋收后旋松起垄	秋收后旋松、耢平
平翻耕法	麦收后平翻、耙耢起垄	秋收后平翻、耙耢起垄	秋收后平翻、耙、耢
深松耕法	麦收后搅麦茬深松起垄	秋季垄沟深松、原垅越冬	秋耙茬深松平地越冬
现行耕法	麦收后平翻、耙耢起垄	原垄越冬	秋耙茬、耢平越冬
组合耕法	平翻、耙耢起垄	夏季垄沟深松	秋收后旋松、耢平原垄越冬

图 3－22　海伦站不同耕法长期定位试验辅助观测场情况

肥料以化肥为主，化肥品种为尿素，磷酸二铵；1983 年施肥量玉米施肥量为氮素 86.0kg/hm^2，磷素施用量是 13.2kg/hm^2，秋翻秋起垄；大豆施肥量为氮素 18.0kg/hm^2，磷素施用量是 9.7kg/hm^2，秋翻秋起垄；小麦施肥量为氮素 63.0kg/hm^2，磷素施用量是 8.5kg/hm^2，秋翻秋起垄。肥料施用方式：以基肥一次性于播种前施入。

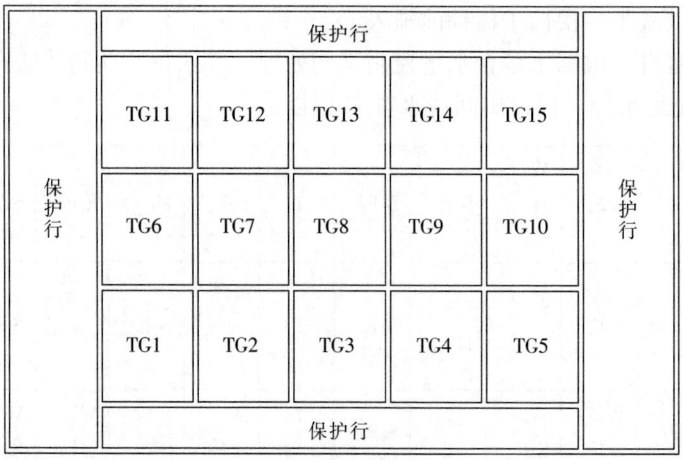

<table>
<tr><td rowspan="5">保护行</td><td colspan="5">保护行</td><td rowspan="5">保护行</td></tr>
<tr><td>TG11</td><td>TG12</td><td>TG13</td><td>TG14</td><td>TG15</td></tr>
<tr><td>TG6</td><td>TG7</td><td>TG8</td><td>TG9</td><td>TG10</td></tr>
<tr><td>TG1</td><td>TG2</td><td>TG3</td><td>TG4</td><td>TG5</td></tr>
<tr><td colspan="5">保护行</td></tr>
</table>

图 3－23　海伦站不同耕法施肥情况示意图

每个处理都对应进行烘干法土壤水分测定。不同处理由于耕作方式不同，所以土壤含水量也不同。人工采集土钻法土壤水分数据，室内烘干测定水分。每月观测 1 次。

2003 年 10 月将试验进行了微调，保留旋松耕法、平翻耕法、组合耕法，将深松耕法调整为少耕法，现行耕法调整为免耕法，作物轮作调整为大豆一玉米。创造四种垅体结构。

3.2.9　海伦站生态恢复大区试验长期定位试验辅助观测场（HLAFZ05）

1930—1950 年，主要是玉米—大豆—小麦轮作，1950—1978 年种植蔬菜，1978 年后成为中国科学院海伦农业生态实验站种子田，主要繁殖小麦、大豆种子。本观测场自 1992 年建立即严格试验管理要求进行土地管理和利用。1992 年建立本观测场，无使用时间限制，面积 2 152.8m^2。代表东北黑土农田生态系统，该系统是本区域粮食主要产区，面积在本区域占有绝对优势。本观测场为旱田，土壤类型为黑土（土类），土种为中厚黑土，母质为第四纪黄土。肥力水平中等。在作物生长季节里不灌水，不种植作物，共有裸地和自然植被 2 个处理。周围视野开阔，主要为农田。2004 年为观测场加上了铁围栏。

自然植被状态地块管理方式：植被为草原化草甸植物，俗称为“五花草塘”，以杂类草群落为主。不进行任何施肥耕作等措施，不进行任何人为措施，植被为自然状态下形成。

图 3 - 24　观测场实景

裸地状态地块管理方式：不种植任何作物，不进行任何施肥耕作等措施，地表如有杂草等植被生长，则及时人工铲除，始终保持裸地状态。

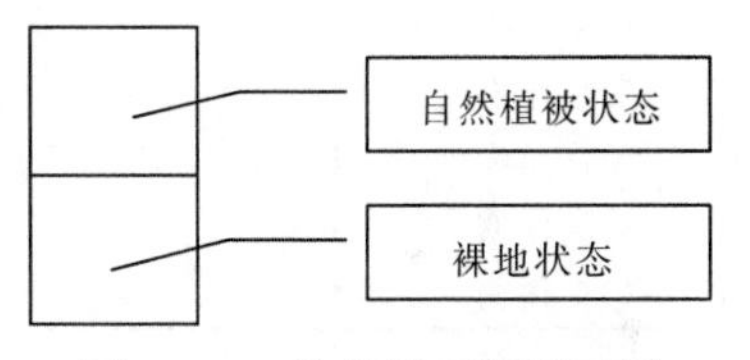

图 3 - 25　海伦站观测场不同管理方式示意图

观测场共分 2 个处理，裸地状态（人工除草）和自然植被状态（不加任何人为干预）每个处理设置 1 个中子水分管，定期观测土壤含水量。

自然植被状态（HLAFZ05CTS _ 01）处理中央设置 1 个中子水分管，代表本处理土壤含水量。5 天 1 次用中子仪采集土壤含水量数据。面积 819m^2。矩形，58.5m×14m。

裸地状态（HLAFZ05CTS _ 02）处理中央设置 1 个中子水分管，代表本处理土壤含水量。5 天 1 次用中子仪采集土壤含水量数据。面积 819m^2。矩形，58.5m×14m。

第四章

长期监测数据

4.1 生物监测数据

4.1.1 农田作物种类与产值

4.1.1.1 综合观测场

表 4-1 综合观测场农田作物种类与产值

年份	作物类别	作物名称	作物品种	播种量 (kg/hm²)	播种面积 (hm²)	占总播比率 (%)	单产 (kg/hm²)	直接成本 (元/hm²)	产值 (元/hm²)
2000	粮食作物	玉米	海玉 6 号	—	2.00	—	7 500.00	—	6 000.00
2001	粮食作物	小麦	龙麦 19	—	1.00	—	1 350.00	—	1 200.00
2002	粮食作物	玉米	海玉 6 号	—	0.40	—	7 500.00	—	4 500.00
2003	粮食作物	玉米	海玉 6 号	25.00	1.00	—	4 500.00	—	2700.00
2005	粮食作物	小麦	龙麦 26	300.00	0.01	1.0	3 858	1 500.00	5 632.68
2005	粮食作物	玉米	海玉 6	37.50	1.26	99.0	12 450	5 230.00	15 687.00
2006	粮食作物	大豆	黑农 35	60.00	1.26	100.0	2 035	4 000.00	5 290.13
2007	粮食作物	玉米	海玉 6	37.50	1.26	100.0	7 315	5 750.00	7 315.00
2008	粮食作物	大豆	黑农 35	60.00	1.26	100.0	2 484	4 160.00	8 260.00

说明：相同年份可能有 2 种或 2 种以上调查作物。

4.1.1.2 辅助观测场土壤生物监测长期采样地（空白）

表 4-2 辅助观测场土壤生物监测长期采样地（空白）农田作物种类与产值

年份	作物类别	作物名称	作物品种	播种量 (kg/hm²)	播种面积 (hm²)	占总播比率 (%)	单产 (kg/hm²)	直接成本 (元/hm²)	产值 (元/hm²)
2005	粮食作物	小麦	龙麦 26	300.00	0.01	1.0	3 858	1 500.00	5 632.68
2006	粮食作物	大豆	黑农 35	60.00	0.18	100.0	1 426	3 000.00	3 706.30
2007	粮食作物	玉米	海玉 6	37.50	0.18	100.0	6 224	3 250.00	6 224.00
2008	粮食作物	大豆	黑农 35	60.00	0.18	100.0	2 262	3 160.00	8 150.00

说明：相同年份可能有 2 种或 2 种以上调查作物。

4.1.1.3 辅助观测场土壤生物监测长期采样地（秸秆还田）

表 4-3 辅助观测场土壤生物监测长期采样地（秸秆还田）农田作物种类与产值

年份	作物类别	作物名称	作物品种	播种量 (kg/hm²)	播种面积 (hm²)	占总播比率 (%)	单产 (kg/hm²)	直接成本 (元/hm²)	产值 (元/hm²)
2005	粮食作物	小麦	龙麦 26	300.00	0.01	1.0	3 858	1 500.00	5 632.68
2006	粮食作物	大豆	黑农 35	60.00	0.18	100.0	1 426	3 000.00	3 706.30
2007	粮食作物	玉米	海玉 6	37.50	0.18	100.0	7 246	5 950.00	7 246.00
2008	粮食作物	大豆	黑农 35	60.00	0.18	100.0	2 392	4 360.00	7 600.00

说明：相同年份可能有 2 种或 2 种以上调查作物。

4.1.1.4　胜利村站区 76 号地调查点土壤生物采样地

表 4-4　胜利村站区 76 号地调查点土壤生物采样地农田作物种类与产值

年份	作物类别	作物名称	作物品种	播种量 (kg/hm²)	播种面积 (hm²)	占总播比率 (%)	单产 (kg/hm²)	直接成本 (元/hm²)	产值 (元/hm²)
2004	粮食作物	大豆	黑农 35	60.00	15.00	50.0	2 000	3 160.00	4 000.00
2004	粮食作物	玉米	海育 6	30.00	15.00	50.0	9 200	4 140.00	7 360.00
2005	粮食作物	大豆	黑农 35	60.00	4.74	47.4	1 632	1 357.00	2 886.00
2005	粮食作物	玉米	海玉 6	37.50	5.00	50.0	7 028	3 360.00	7 744.24
2006	粮食作物	大豆	黑农 35	60.00	4.74	47.4	1 986	3 500.00	5 163.60
2006	粮食作物	玉米	海玉 6	37.50	5.00	50.0	6 330	5 300.00	6 330.00
2007	粮食作物	大豆	黑农 35	60.00	5.00	50.0	1 876	4 040.00	7 500.00
2007	粮食作物	玉米	海玉 6	37.50	4.74	47.4	7 358	5 500.00	7 358.00
2008	粮食作物	玉米	海玉 6	37.50	4.74	47.4	7 126	5 662.50	3 601.30
2008	粮食作物	大豆	黑农 35	60.00	5.00	50.0	2 648	4 160.00	9 080.00

说明：相同年份可能有 2 种或 2 种以上调查作物。

4.1.1.5　胜利村站区 67 号地调查点土壤生物采样地

表 4-5　胜利村站区 67 号地调查点土壤生物采样地农田作物种类与产值

年份	作物类别	作物名称	作物品种	播种量 (kg/hm²)	播种面积 (hm²)	占总播比率 (%)	单产 (kg/hm²)	直接成本 (元/hm²)	产值 (元/hm²)
2004	粮食作物	大豆	东农 42	60.00	—	50.0	2 000	2 980.00	4 000.00
2005	粮食作物	大豆	黑农 35	60.00	7.50	75.0	1 607	1 357.00	2 821.00
2005	粮食作物	玉米	海玉 6	37.50	2.50	25.0	7 439	3 360.00	8 393.00
2006	粮食作物	玉米	海玉 6	37.50	2.50	25.0	6 342	5 300.00	6 342.00
2006	粮食作物	大豆	黑农 35	60.00	7.50	75.0	2 135	3 500.00	5 551.00
2007	粮食作物	大豆	黑农 35	60.00	2.50	25.0	1 924	4 040.00	7 696.00
2007	粮食作物	玉米	海玉 6	37.50	7.50	75.0	7 346	5 500.00	7 346.00
2008	粮食作物	玉米	海玉 6	37.50	7.50	75.0	7 059	5 662.50	3 514.20
2008	粮食作物	大豆	黑农 35	60.00	2.50	25.0	2 539	4 160.00	8 535.00

说明：相同年份可能有 2 种或 2 种以上调查作物。

4.1.1.6　光荣村小流域站区调查点土壤生物采样地

表 4-6　光荣村小流域站区调查点土壤生物采样地农田作物种类与产值

年份	作物类别	作物名称	作物品种	播种量 (kg/hm²)	播种面积 (hm²)	占总播比率 (%)	单产 (kg/hm²)	直接成本 (元/hm²)	产值 (元/hm²)
2004	粮食作物	大豆	黑农 35	60.00	20.00	50.0	1 950	3 050.00	3 900.00
2005	粮食作物	大豆	黑农 35	60.00	7.80	78.0	1 577	1 357.00	2 743.00
2005	粮食作物	玉米	海玉 6	37.50	1.50	15.0	7 756	3 360.00	8 894.00
2006	粮食作物	玉米	海玉 6	37.50	1.50	15.0	6 495	5 300.00	6 495.00
2006	粮食作物	大豆	黑农 35	60.00	7.80	78.0	2 050	3 500.00	5 330.00
2007	粮食作物	大豆	黑农 35	60.00	1.50	15.0	2 014	4 040.00	8 056.00
2007	粮食作物	玉米	海玉 6	37.50	7.80	78.0	7 417	5 500.00	7 417.00
2008	粮食作物	大豆	黑农 35	60.00	1.50	15.0	2 706	4 160.00	9 370.00
2008	粮食作物	玉米	海玉 6	37.50	7.80	78.0	6 983	5 662.50	3 415.40

说明：相同年份可能有 2 种或 2 种以上调查作物。

4.1.2 农田复种指数与典型地块作物轮作体系

4.1.2.1 综合观测场

表 4-7 综合观测场农田复种指数与典型地块作物轮作体系

年份	农田类型	复种指数（%）	轮作体系	当年作物
2004	旱地	100.00	玉米—大豆	大豆
2005	旱地	100.00	大豆—玉米	玉米
2006	旱地	100.00	大豆—玉米	大豆
2007	旱地	100.00	大豆—玉米	玉米
2008	旱地	100.00	大豆—玉米	大豆

4.1.2.2 辅助观测场土壤生物监测长期采样地（空白）

表 4-8 辅助观测场土壤生物监测长期采样地（空白）农田复种指数与典型地块作物轮作体系

年份	农田类型	复种指数（%）	轮作体系	当年作物
2004	旱地	100.00	大豆—玉米	大豆
2005	旱地	100.00	大豆—玉米	玉米
2006	旱地	100.00	大豆—玉米	大豆
2007	旱地	100.00	大豆—玉米	玉米
2008	旱地	100.00	大豆—玉米	大豆

4.1.2.3 辅助观测场土壤生物监测长期采样地（秸秆还田）

表 4-9 辅助观测场土壤生物监测长期采样地（秸秆还田）农田复种指数与典型地块作物轮作体系

年份	农田类型	复种指数（%）	轮作体系	当年作物
2004	旱地	100.00	大豆—玉米	大豆
2005	旱地	100.00	大豆—玉米	玉米
2006	旱地	100.00	大豆—玉米	大豆
2007	旱地	100.00	大豆—玉米	玉米
2008	旱地	100.00	大豆—玉米	大豆

4.1.2.4 胜利村站区 76 号地调查点土壤生物采样地

表 4-10 胜利村站区 76 号地调查点土壤生物采样地农田复种指数与典型地块作物轮作体系

年份	农田类型	复种指数（%）	轮作体系	当年作物
2004	旱地	100.00	玉米—大豆	大豆
2005	旱地	100.00	大豆—玉米	玉米
2006	旱地	100.00	大豆—玉米	大豆
2007	旱地	100.00	大豆—玉米	玉米
2008	旱地	100.00	大豆—玉米	大豆

4.1.2.5 胜利村站区 67 号地调查点土壤生物采样地

表 4-11 胜利村站区 67 号地调查点土壤生物采样地农田复种指数与典型地块作物轮作体系

年份	农田类型	复种指数（%）	轮作体系	当年作物
2004	旱地	100.00	玉米—大豆	大豆
2005	旱地	100.00	大豆—玉米	玉米
2006	旱地	100.00	大豆—玉米	大豆
2007	旱地	100.00	大豆—玉米	玉米
2008	旱地	100.00	大豆—玉米	大豆

4.1.2.6 光荣村小流域站区调查点土壤生物采样地

表 4－12　光荣村小流域站区调查点土壤生物采样地农田复种指数与典型地块作物轮作体系

年份	农田类型	复种指数（%）	轮作体系	当年作物
2004	旱地	100.00	玉米—大豆	大豆
2005	旱地	100.00	大豆—玉米	玉米
2006	旱地	100.00	大豆—玉米	大豆
2007	旱地	100.00	大豆—玉米	玉米
2008	旱地	100.00	大豆—玉米	大豆

4.1.3 农田主要作物肥料投入情况

4.1.3.1 综合观测场

表 4－13　综合观测场农田主要作物肥料投入情况

年份	作物名称	肥料名称	施用时间	作物生育时期	施用方式	施用量（kg/hm^2）	肥料折合纯氮量（kg/hm^2）	肥料折合纯磷量（kg/hm^2）	肥料折合纯钾量（kg/hm^2）
2000	大豆	磷酸二铵尿素	2001－05－04	—	种肥	150.00	20.00	51.70	19.00
2001	大豆	磷酸二铵尿素	2002－05－04	—	种肥	150.00	20.00	51.70	19.00
2002	玉米	磷酸二铵尿素	2002－05－02	—	种肥	150.00	140.00	68.90	0.00
2003	玉米	磷酸二铵尿素	2002－05－02	—	基肥追肥	基肥尿素 100kg/hm^2 二铵 150kg/hm^2 追肥尿素 200kg/hm^2	165.30	13.27	0.00
2004	大豆	美国二铵	2004－05－11	播种期	基肥	150.00	27.00	30.15	0.00
2005	玉米	大庆产尿素	2005－05－09	播种期	基肥	300.00	138.00	0.00	0.00
2006	大豆	美国二铵	2006－05－09	播种期	基肥	150.00	27.00	30.15	0.00
2007	玉米	美国二铵	2007－05－05	播种期	基肥	150.00	27.00	30.15	0.00
2007	玉米	大庆产尿素	2007－05－05	播种期	基肥	300.00	138.00	0.00	0.00
2008	大豆	美国二铵	2008－05－06	播种期	基肥	150.00	27.00	30.15	0.00

4.1.3.2 辅助观测场土壤生物监测长期采样地（空白）

表 4－14　辅助观测场土壤生物监测长期采样地（空白）农田主要作物肥料投入情况

年份	作物名称	肥料名称	施用时间	作物生育时期	施用方式	施用量（kg/hm^2）	肥料折合纯氮量（kg/hm^2）	肥料折合纯磷量（kg/hm^2）	肥料折合纯钾量（kg/hm^2）
2004	大豆	美国二铵	2004－05－11	播种期	基肥	0.00	0.00	0.00	0.00
2005	玉米	大庆产尿素	2005－05－09	播种期	基肥	0.00	0.00	0.00	0.00
2006	大豆	美国二铵	2006－05－09	播种期	基肥	0.00	0.00	0.00	0.00
2007	玉米	美国二铵	2007－05－05	播种期	基肥	0.00	0.00	0.00	0.00
2007	玉米	大庆产尿素	2007－05－05	播种期	基肥	0.00	0.00	0.00	0.00
2008	大豆	美国二铵	2008－05－06	播种期	基肥	0.00	0.00	0.00	0.00

4.1.3.3 辅助观测场土壤生物监测长期采样地（秸秆还田）

表 4-15 辅助观测场土壤生物监测长期采样地（秸秆还田）农田主要作物肥料投入情况

年份	作物名称	肥料名称	施用时间	作物生育时期	施用方式	施用量（kg/hm²）	肥料折合纯氮量（kg/hm²）	肥料折合纯磷量（kg/hm²）	肥料折合纯钾量（kg/hm²）
2004	大豆	美国二铵	2004-05-11	播种期	基肥	150.00	27.00	30.15	0.00
2005	玉米	美国二铵	2005-05-09	播种期	基肥	150.00	27.00	30.15	0.00
2005	玉米	大庆产尿素	2005-05-09	播种期	基肥	300.00	138.00	0.00	0.00
2006	大豆	美国二铵	2006-05-09	播种期	基肥	150.00	27.00	30.15	0.00
2007	玉米	美国二铵	2007-05-05	播种期	基肥	150.00	27.00	30.15	0.00
2007	玉米	大庆产尿素	2007-05-05	播种期	基肥	300.00	138.00	0.00	0.00
2008	大豆	美国二铵	2008-05-06	播种期	基肥	150.00	27.00	30.15	0.00

4.1.3.4 胜利村站区 76 号地调查点土壤生物采样地

表 4-16 胜利村站区 76 号地调查点土壤生物采样地农田主要作物肥料投入情况

年份	作物名称	肥料名称	施用时间	作物生育时期	施用方式	施用量（kg/hm²）	肥料折合纯氮量（kg/hm²）	肥料折合纯磷量（kg/hm²）	肥料折合纯钾量（kg/hm²）
2004	大豆	美国二铵	2004-05-11	播种期	基肥	150.00	27.00	30.15	0.00
2004	玉米	大庆产尿素	2004-05-11	播种期	基肥	300.00	138.00	0.00	0.00
2004	玉米	美国二铵	2004-05-11	播种期	基肥	150.00	27.00	30.15	0.00
2005	玉米	大庆产尿素	2005-05-07	播种期	基肥	300.00	138.00	0.00	0.00
2005	玉米	美国二铵	2005-05-07	播种期	基肥	150.00	27.00	30.15	0.00
2006	玉米	大庆产尿素	2006-05-05	播种期	基肥	300.00	138.00	0.00	0.00
2006	玉米	美国二铵	2006-05-05	播种期	基肥	150.00	27.00	30.15	0.00
2007	玉米	大庆产尿素	2007-05-04	播种期	基肥	300.00	138.00	0.00	0.00
2007	玉米	美国二铵	2007-05-04	播种期	基肥	150.00	27.00	30.15	0.00
2007	大豆	美国二铵	2007-05-08	播种期	基肥	150.00	27.00	30.15	0.00
2008	玉米	大庆产尿素	2008-05-05	播种期	基肥	300.00	138.00	0.00	0.00
2008	玉米	大庆产尿素	2008-06-20	拔节期	追肥	600.00	138.00	0.00	0.00
2008	玉米	美国二铵	2008-05-05	播种期	基肥	150.00	27.00	30.15	0.00
2008	大豆	美国二铵	2008-05-06	播种期	基肥	150.00	27.00	30.15	0.00

4.1.3.5 胜利村站区 67 号地调查点土壤生物采样地

表 4-17 胜利村站区 67 号地调查点土壤生物采样地

年份	作物名称	肥料名称	施用时间	作物生育时期	施用方式	施用量（kg/hm²）	肥料折合纯氮量（kg/hm²）	肥料折合纯磷量（kg/hm²）	肥料折合纯钾量（kg/hm²）
2004	大豆	美国二铵	2004-05-11	播种期	基肥	150.00	27.00	30.15	0.00
2005	大豆	美国二铵	2005-05-01	播种期	基肥	150.00	27.00	30.15	0.00
2006	大豆	美国二铵	2006-05-07	播种期	基肥	150.00	27.00	30.15	0.00
2006	玉米	大庆产尿素	2006-05-07	播种期	基肥	300.00	138.00	0.00	0.00
2006	玉米	美国二铵	2006-05-07	播种期	基肥	150.00	27.00	30.15	0.00

（续）

年份	作物名称	肥料名称	施用时间	作物生育时期	施用方式	施用量（kg/hm²）	肥料折合纯氮量（kg/hm²）	肥料折合纯磷量（kg/hm²）	肥料折合纯钾量（kg/hm²）
2007	大豆	美国二铵	2007-05-08	播种期	基肥	150.00	27.00	30.15	0.00
2007	玉米	大庆产尿素	2007-05-04	播种期	基肥	300.00	138.00	0.00	0.00
2007	玉米	美国二铵	2007-05-04	播种期	基肥	150.00	27.00	30.15	0.00
2008	玉米	大庆产尿素	2008-05-05	播种期	基肥	300.00	138.00	0.00	0.00
2008	玉米	大庆产尿素	2008-06-19	拔节期	追肥	600.00	138.00	0.00	0.00
2008	玉米	美国二铵	2008-05-05	播种期	基肥	150.00	27.00	30.15	0.00

4.1.3.6　光荣村小流域站区调查点土壤生物采样地

表 4-18　光荣村小流域站区调查点土壤生物采样地

年份	作物名称	肥料名称	施用时间	作物生育时期	施用方式	施用量（kg/hm²）	肥料折合纯氮量（kg/hm²）	肥料折合纯磷量（kg/hm²）	肥料折合纯钾量（kg/hm²）
2004	大豆	美国二铵	2004-05-13	播种期	基肥	100.00	18.00	20.10	0.00
2005	大豆	美国二铵	2005-05-01	播种期	基肥	100.00	18.00	20.10	0.00
2006	玉米	大庆产尿素	2006-05-05	播种期	基肥	300.00	138.00	0.00	0.00
2006	玉米	美国二铵	2006-05-05	播种期	基肥	150.00	27.00	30.15	0.00
2007	玉米	大庆产尿素	2007-05-04	播种期	基肥	300.00	138.00	0.00	0.00
2007	玉米	美国二铵	2007-05-04	播种期	基肥	150.00	27.00	30.15	0.00
2008	大豆	美国二铵	2008-05-06	播种期	基肥	150.00	27.00	30.15	0.00

4.1.4　农田主要作物农药除草剂生长剂等投入情况

4.1.4.1　综合观测场

表 4-19　综合观测场农药除草剂生长剂等投入情况

年份	作物名称	药剂名称	主要有效成分	施用时间	作物生育时期	施用方式	施用量（g/hm²）
2004	大豆	甲胺磷	O，S-二甲基硫代磷酰胺	2006-06-16	苗期	喷施	1 000.00
2004	大豆	氧化乐果	氧化乐果	2004-07-21	开花期	喷施	1 000.00
2004	大豆	氧化乐果	氧化乐果	2004-08-09	开花期	喷施	1 000.00
2004	大豆	35%多·福·克悬浮种衣剂	多菌灵，福美双，克百威	2004-05-11	播种期	种子包衣	780.00
2005	玉米	甲胺磷	O，S-二甲基硫代磷酰胺	2005-05-09	苗期	喷施	1 000.00
2005	玉米	35%多·福·克悬浮种衣剂	多菌灵，福美双，克百威	2005-05-09	播种期	种子包衣	780.00
2005	小麦	2，4D丁酯	72%2，4D丁酯	2005-05-20	分蘖期	防治杂草	900.00
2005	小麦	50%多菌灵	多菌灵	2005-06-20	抽穗期	喷施	1 500.00
2005	玉米	敌杀死	溴氰菊酯	2005-07-21	拔节期	喷施	1 000.00

（续）

年份	作物名称	药剂名称	主要有效成分	施用时间	作物生育时期	施用方式	施用量（g/hm²）
2006	大豆	35%多·福·克悬浮种衣剂	多菌灵，福美双，克百威	2006-05-09	播种期	种子包衣	780.00
2006	大豆	2，4D丁酯	2，4D丁酯	2006-05-09	播种期	喷施	1 000.00
2006	大豆	40%乐果乳油	O，O-二甲基-S-二硫代磷酸酯	2006-06-29	结荚期	喷施	1 500.00
2007	玉米	35%多·福·克悬浮种衣剂	多菌灵，福美双，克百威	2007-05-05	播种期	种子包衣	780.00
2007	玉米	敌杀死	溴氰菊酯	2007-06-23	拔节期	喷施	1 000.00
2008	大豆	35%多·福·克悬浮种衣剂	多菌灵，福美双，克百威	2008-05-06	播种期	种子包衣	780.00
2008	大豆	40%乐果乳油	O，O-二甲基-S-二硫代磷酸酯	2008-06-30	结荚期	喷施	1 500.00

4.1.4.2 辅助观测场土壤生物监测长期采样地（空白）

表4-20 辅助观测场土壤生物监测长期采样地（空白）农药除草剂生长剂等投入情况

年份	作物名称	药剂名称	主要有效成分	施用时间	作物生育时期	施用方式	施用量（g/hm²）
2004	大豆	甲胺磷	O，S-二甲基硫代磷酰胺	2006-06-16	苗期	喷施	1 000.00
2004	大豆	氧化乐果	氧化乐果	2004-07-21	开花期	喷施	1 000.00
2004	大豆	氧化乐果	氧化乐果	2004-08-09	开花期	喷施	1 000.00
2004	大豆	35%多·福·克悬浮种衣剂	多菌灵，福美双，克百威	2004-05-11	播种期	种子包衣	780.00
2005	玉米	甲胺磷	O，S-二甲基硫代磷酰胺	2005-05-09	苗期	喷施	1 000.00
2005	玉米	35%多·福·克悬浮种衣剂	多菌灵，福美双，克百威	2005-05-09	播种期	种子包衣	780.00
2005	小麦	2，4D丁酯	72%2，4D丁酯	2005-05-20	分蘖期	防治杂草	900.00
2005	小麦	50%多菌灵	多菌灵	2005-06-20	抽穗期	喷施	1 500.00
2005	玉米	敌杀死	溴氰菊酯	2005-07-21	拔节期	喷施	1 000.00
2006	大豆	35%多·福·克悬浮种衣剂	多菌灵，福美双，克百威	2006-05-09	播种期	种子包衣	780.00
2006	大豆	2，4D丁酯	2，4D丁酯	2006-05-09	播种期	喷施	1 000.00
2006	大豆	40%乐果乳油	O，O-二甲基-S-二硫代磷酸酯	2006-06-29	结荚期	喷施	1 500.00
2007	玉米	35%多·福·克悬浮种衣剂	多菌灵，福美双，克百威	2007-05-05	播种期	种子包衣	780.00
2007	玉米	敌杀死	溴氰菊酯	2007-06-23	拔节期	喷施	1 000.00
2008	大豆	35%多·福·克悬浮种衣剂	多菌灵，福美双，克百威	2008-05-06	播种期	种子包衣	780.00
2008	大豆	40%乐果乳油	O，O-二甲基-S-二硫代磷酸酯	2008-06-30	结荚期	喷施	1 500.00

4.1.4.3 辅助观测场土壤生物监测长期采样地（秸秆还田）

表 4-21 辅助观测场土壤生物监测长期采样地（秸秆还田）农药除草剂生长剂等投入情况

年份	作物名称	药剂名称	主要有效成分	施用时间	作物生育时期	施用方式	施用量(g/hm²)
2004	大豆	甲胺磷	O，S-二甲基硫代磷酰胺	2006-06-16	苗期	喷施	1 000.00
2004	大豆	氧化乐果	氧化乐果	2004-07-21	开花期	喷施	1 000.00
2004	大豆	氧化乐果	氧化乐果	2004-08-09	开花期	喷施	1 000.00
2004	大豆	35%多·福·克悬浮种衣剂	多菌灵，福美双，克百威	2004-05-11	播种期	种子包衣	780.00
2005	玉米	甲胺磷	O，S-二甲基硫代磷酰胺	2005-05-09	苗期	喷施	1 000.00
2005	玉米	35%多·福·克悬浮种衣剂	多菌灵，福美双，克百威	2005-05-09	播种期	种子包衣	780.00
2005	小麦	2，4D丁酯	72%2，4D丁酯	2005-05-20	分蘖期	防治杂草	900.00
2005	小麦	50%多菌灵	多菌灵	2005-06-20	抽穗期	喷施	1 500.00
2005	玉米	敌杀死	溴氰菊酯	2005-07-21	拔节期	喷施	1 000.00
2006	大豆	35%多·福·克悬浮种衣剂	多菌灵，福美双，克百威	2006-05-09	播种期	种子包衣	780.00
2006	大豆	2，4D丁酯	2，4D丁酯	2006-05-09	播种期	喷施	1 000.00
2006	大豆	40%乐果乳油	O，O-二甲基-S-二硫代磷酸酯	2006-06-29	结荚期	喷施	1 500.00
2007	玉米	35%多·福·克悬浮种衣剂	多菌灵，福美双，克百威	2007-05-05	播种期	种子包衣	780.00
2007	玉米	敌杀死	溴氰菊酯	2007-06-23	拔节期	喷施	1 000.00
2008	大豆	35%多·福·克悬浮种衣剂	多菌灵，福美双，克百威	2008-05-06	播种期	种子包衣	780.00
2008	大豆	40%乐果乳油	O，O-二甲基-S-二硫代磷酸酯	2008-06-30	结荚期	喷施	1 500.00

4.1.4.4 胜利村站区 76 号地调查点土壤生物采样地

表 4-22 胜利村站区 76 号地调查点土壤生物采样地农药除草剂生长剂等投入情况

年份	作物名称	药剂名称	主要有效成分	施用时间	作物生育时期	施用方式	施用量(g/hm²)
2004	大豆	氧化乐果	氧化乐果	2004-07-24	开花期	喷施	1 000.00
2004	大豆	35%多·福·克悬浮种衣剂	多菌灵，福美双，克百威	2004-05-11	播种期	种子包衣	780.00
2004	玉米	2，4D丁酯	2，4D丁酯	2004-05-11	播种期	喷施	7 000.00
2004	玉米	乙草胺	40%乙草胺乳油	2004-05-11	播种期	喷施	3 000.00
2005	玉米	35%多·福·克悬浮种衣剂	多菌灵，福美双，克百威	2005-05-09	播种期	种子包衣	780.00
2005	玉米	敌杀死	溴氰菊酯	2005-06-20	拔节期	喷施	1 000.00
2006	玉米	35%多·福·克悬浮种衣剂	多菌灵，福美双，克百威	2006-05-05	播种期	种子包衣	780.00
2006	玉米	敌杀死	溴氰菊酯	2006-06-20	拔节期	喷施	1 000.00

（续）

年份	作物名称	药剂名称	主要有效成分	施用时间	作物生育时期	施用方式	施用量 (g/hm²)
2007	大豆	2，4D丁酯	2，4D丁酯	2007-05-08	播种期	喷施	1 000.00
2007	大豆	40%乐果乳油	O，O-二甲基-S-二硫代磷酸酯	2007-06-27	结荚期	喷施	1 500.00
2008	大豆	2，4D丁酯	2，4D丁酯	2008-05-06	播种期	喷施	1 000.00
2008	大豆	40%乐果乳油	O，O-二甲基-S-二硫代磷酸酯	2008-06-28	结荚期	喷施	1 500.00

4.1.4.5 胜利村站区67号地调查点土壤生物采样地

表4-23 胜利村站区67号地调查点土壤生物采样地农药除草剂生长剂等投入情况

年份	作物名称	药剂名称	主要有效成分	施用时间	作物生育时期	施用方式	施用量 (g/hm²)
2004	大豆	氧化乐果	氧化乐果	2004-07-23	开花期	喷施	1 000.00
2004	大豆	35%多・福・克悬浮种衣剂	多菌灵，福美双，克百威	2004-05-11	播种期	种子包衣	780.00
2005	大豆	2，4D丁酯	2，4D丁酯	2005-05-01	播种期	喷施	1 000.00
2005	大豆	乙草胺	40%乙草胺乳油	2005-05-01	播种期	喷施	780.00
2006	大豆	2，4D丁酯	2，4D丁酯	2006-05-07	播种期	喷施	1 000.00
2006	大豆	乙草胺	40%乙草胺乳油	2006-05-07	播种期	喷施	780.00
2007	大豆	2，4D丁酯	2，4D丁酯	2007-05-08	播种期	喷施	1 000.00
2007	大豆	2，4D丁酯	2，4D丁酯	2007-05-08	播种期	喷施	1 000.00
2007	大豆	40%乐果乳油	O，O-二甲基-S-二硫代磷酸酯	2007-06-27	结荚期	喷施	1 500.00
2007	玉米	35%多・福・克悬浮种衣剂	多菌灵，福美双，克百威	2007-05-04	播种期	种子包衣	780.00
2008	大豆	2，4D丁酯	2，4D丁酯	2008-05-06	播种期	喷施	1 000.00
2008	大豆	40%乐果乳油	O，O-二甲基-S-二硫代磷酸酯	2008-06-30	结荚期	喷施	1 500.00
2008	玉米	35%多・福・克悬浮种衣剂	多菌灵，福美双，克百威	2008-05-05	播种期	种子包衣	780.00
2008	玉米	敌杀死	溴氰菊酯	2008-06-26	拔节期	喷施	1 000.00

4.1.4.6 光荣村小流域站区调查点土壤生物采样地

表4-24 光荣村小流域站区调查点土壤生物采样地农药除草剂生长剂等投入情况

年份	作物名称	药剂名称	主要有效成分	施用时间	作物生育时期	施用方式	施用量 (g/hm²)
2004	大豆	甲胺磷	O，S-二甲基硫代磷酰胺	2004-06-18	苗期	喷施	1 500.00
2005	大豆	乙草胺	40%乙草胺乳油	2005-05-01	播种期	喷施	780.00
2005	大豆	2，4D丁酯	2，4D丁酯	2005-05-20	苗期	喷施	1 500.00
2005	大豆	40%乐果乳油	O，O-二甲基-S-二硫代磷酸酯	2005-06-29	结荚期	喷施	1 500.00

（续）

年份	作物名称	药剂名称	主要有效成分	施用时间	作物生育时期	施用方式	施用量（g/hm²）
2006	大豆	乙草胺	40%乙草胺乳油	2006-05-05	播种期	喷施	780.00
2006	大豆	35%多·福·克悬浮种衣剂	多菌灵，福美双，克百威	2006-05-09	播种期	种子包衣	780.00
2006	大豆	40%乐果乳油	O，O-二甲基-S-二硫代磷酸酯	2006-06-29	结荚期	喷施	1 500.00
2007	玉米	35%多·福·克悬浮种衣剂	多菌灵，福美双，克百威	2007-05-04	播种期	种子包衣	780.00
2007	玉米	敌杀死	溴氰菊酯	2007-06-23	拔节期	喷施	1 000.00
2008	大豆	2，4D丁酯	2，4D丁酯	2008-05-06	播种期	种子包衣	780.00
2008	大豆	40%乐果乳油	O，O-二甲基-S-二硫代磷酸酯	2008-06-27	拔节期	喷施	1 000.00

4.1.5 农田灌溉制度

4.1.5.1 水肥耦合长期定位试验辅助观测场（HLAFZ03）

表 4-25 水肥耦合长期定位试验辅助观测场农田灌溉制度

年份	作物名称	灌溉时间	作物生育时期	灌溉水源	灌溉方式	灌溉量（mm）
2004	大豆	2004-06-12	苗期	地下井水	沟灌	20.0
2004	大豆	2004-06-14	苗期	地下井水	沟灌	20.0
2004	大豆	2004-06-25	花期	地下井水	沟灌	40.0
2004	大豆	2004-06-28	花期	地下井水	沟灌	20.0
2004	大豆	2004-07-04	花期	地下井水	沟灌	40.0
2004	大豆	2004-08-23	花期	地下井水	沟灌	40.0
2005	玉米	2005-06-27	拔节期	地下井水	漫灌	10.0
2005	玉米	2005-06-27	拔节期	地下井水	漫灌	20.0
2005	玉米	2005-07-04	拔节期	地下井水	漫灌	10.0
2005	玉米	2005-07-04	拔节期	地下井水	漫灌	20.0
2005	玉米	2005-07-24	抽雄期	地下井水	漫灌	10.0
2005	玉米	2005-07-24	抽雄期	地下井水	漫灌	20.0
2006	大豆	2006-06-03	分枝期	地下井水	漫灌	20
2006	大豆	2006-07-03	开花期	地下井水	漫灌	20
2006	大豆	2006-07-24	结荚期	地下井水	漫灌	10
2007	玉米	2007-06-23	拔节期	地下井水	漫灌	10.0
2007	玉米	2007-07-14	抽雄期	地下井水	漫灌	10.0
2007	玉米	2007-08-08	灌浆期	地下井水	漫灌	10.0
2008	大豆	2008-06-16	分枝期	地下井水	漫灌	20.0
2008	大豆	2008-08-03	结荚期	地下井水	漫灌	30.0

4.1.6 小麦生育动态

4.1.6.1 综合观测场

表 4-26 综合观测场小麦生育动态（月-日）

年份	作物品种	播种期	出苗期	三叶期	分蘖期	拔节期	抽穗期	蜡熟期	收获期
2005	龙麦 26	04-04	04-25	05-15	05-20	05-22	06-20	07-24	08-06

说明：根据当地轮作规律，由于市场经济原因，近年小麦已无人种植。

表 4-27　综合观测场大豆生育动态（月-日）

年份	品种	播种期	出苗期	开花期	结荚期	鼓粒期	成熟期	收获期
2004	黑农 35	05-09	05-23	06-25	06-28	08-12	09-27	09-30
2006	黑农 35	05-10	05-23	06-26	07-20	08-19	09-28	10-06
2008	黑农 35	05-6	05-17	06-25	07-23	08-18	09-25	10-01

表 4-28　综合观测场玉米生育动态（月-日）

年份	品种	播种期	出苗期	五叶期	拔节期	抽雄期	叶丝期	成熟期	收获期
2005	海玉 6	05-09	05-20	06-11	06-25	07-26	07-28	10-02	10-05
2007	海玉 6	05-05	05-22	06-10	06-23	07-21	07-26	09-24	10-03

4.1.7　作物叶面积与生物量动态

4.1.7.1　综合观测场

表 4-29　综合观测场作物叶面积与生物量动态

年份	月份	作物名称	作物生育时期	密度（株或穴/m^2）	群体高度（cm）	叶面积指数	调查株（穴）数	每株（穴）分蘖茎数	地上部总鲜重（g/m^2）	茎干重（g/m^2）	叶干重（g/m^2）	地上部总干重（g/m^2）
2004	6	大豆	分枝期	35	81	1.6	5	—	276.13	31.15	43.42	74.55
2004	6	大豆	始花期	34	83	4.1	5	—	913.92	106.08	122.41	228.48
2004	8	大豆	结荚期	35	83	4.5	5	—	1 821.35	187.62	195.65	473.55
2004	8	大豆	鼓粒期	36	85	4.0	5	—	3 354.21	290.52	286.21	804.96
2004	9	大豆	成熟期	34	84	—	5	—	1 089.57	276.76	104.04	761.94
2005	6	玉米	苗期	5	10.1	0.15	5	1.0	19.07	0.00	0.76	0.76
2005	6	玉米	苗期	5	8.7	0.13	5	1.0	18.50	0.00	0.67	0.67
2005	6	玉米	苗期	5	9.6	0.17	5	1.0	17.91	0.00	0.81	0.81
2005	6	玉米	苗期	5	9.4	0.12	5	1.0	15.59	0.00	0.53	0.53
2005	6	玉米	拔节期	5	57.0	0.36	5	1.0	220.25	2.50	16.00	18.50
2005	6	玉米	拔节期	5	65.5	0.31	5	1.0	357.67	6.17	35.67	41.83
2005	6	玉米	拔节期	5	60.5	0.29	5	1.0	722.83	20.33	59.83	80.17
2005	6	玉米	拔节期	5	51.0	0.34	5	1.0	284.98	4.33	29.33	33.66
2005	8	玉米	抽雄期	5	160.5	3.60	5	1.0	2 590.00	146.75	267.33	655.08
2005	8	玉米	抽雄期	5	171.5	3.24	5	1.0	4 069.00	302.86	415.38	862.24
2005	8	玉米	抽雄期	5	165.0	3.29	5	1.0	3 847.50	221.55	357.26	712.31
2005	8	玉米	抽雄期	5	172.0	3.37	5	1.0	3 132.00	160.17	297.31	593.98
2005	8	玉米	开花期	5	176.0	4.17	5	1.0	3 854.21	202.86	386.21	834.96
2005	8	玉米	开花期	5	183.0	4.45	5	1.0	4 142.74	236.55	406.75	789.75
2005	8	玉米	开花期	5	169.5	4.62	5	1.0	3 956.93	160.17	300.47	583.36
2005	8	玉米	开花期	5	175.4	4.37	5	1.0	4 644.85	290.52	487.64	953.29
2005	9	玉米	成熟期	5	176.0	3.35	5	1.0	3 053.21	176.76	379.60	1 223.26
2005	9	玉米	成熟期	5	173.0	2.92	5	1.0	3 545.64	164.80	353.20	1 343.59
2005	9	玉米	成熟期	5	179.0	3.43	5	1.0	3 256.73	166.70	343.70	1 217.64
2005	9	玉米	成熟期	5	175.0	3.52	5	1.0	4 046.65	221.50	464.20	1 702.39

（续）

年份	月份	作物名称	作物生育时期	密度（株或穴/m²）	群体高度（cm）	叶面积指数	调查株（穴）数	每株（穴）分蘖茎数	地上部总鲜重（g/m²）	茎干重（g/m²）	叶干重（g/m²）	地上部总干重（g/m²）
2006	5	大豆	苗期	30	9.2	0.63	5	—	1.72	0.31	0.64	0.95
2006	5	大豆	苗期	30	9.0	0.71	5	—	1.84	0.29	0.62	0.91
2006	5	大豆	苗期	30	9.1	0.50	5	—	1.69	0.26	0.56	0.82
2006	5	大豆	苗期	30	10.9	0.64	5	—	1.82	0.33	0.71	1.04
2006	6	大豆	分枝期	30	35.2	1.48	5	—	245.70	34.90	42.45	77.35
2006	6	大豆	分枝期	30	34.3	1.51	5	—	256.40	32.91	49.66	82.57
2006	6	大豆	分枝期	30	35.8	1.54	5	—	226.31	29.33	39.66	68.49
2006	6	大豆	分枝期	30	34.9	1.56	5	—	231.27	35.96	40.34	76.29
2006	6	大豆	始花期	30	79.6	3.80	5	—	879.25	114.05	133.40	247.45
2006	6	大豆	始花期	30	85.4	4.00	5	—	938.40	109.95	142.50	252.45
2006	6	大豆	始花期	30	75.7	3.70	5	—	882.10	114.05	129.35	243.40
2006	6	大豆	始花期	30	83.3	4.10	5	—	926.15	114.90	139.45	254.35
2006	7	大豆	结荚期	30	85.5	4.65	5	—	1 998.45	195.65	202.30	484.70
2006	7	大豆	结荚期	30	86.5	4.45	5	—	2 001.35	183.25	227.50	492.65
2006	7	大豆	结荚期	30	88.0	4.65	5	—	2 017.60	146.45	264.70	500.25
2006	7	大豆	结荚期	30	84.5	4.30	5	—	2 004.90	174.55	237.45	490.70
2006	8	大豆	鼓粒期	30	84.7	3.84	5	—	2 875.50	300.45	301.48	802.57
2006	8	大豆	鼓粒期	30	89.4	3.77	5	—	2 996.30	298.46	298.81	796.36
2006	8	大豆	鼓粒期	30	90.7	3.82	5	—	3 439.70	307.76	303.19	814.59
2006	8	大豆	鼓粒期	30	87.5	3.99	5	—	2 928.15	313.25	291.34	806.12
2007	5	玉米	苗期	5.0	9.5	0.13	5	1.0	16.85	0.00	0.72	0.72
2007	5	玉米	苗期	5.0	11.5	0.14	5	1.0	17.30	0.00	0.64	0.64
2007	5	玉米	苗期	5.0	10.0	0.16	5	1.0	18.44	0.00	0.87	0.87
2007	5	玉米	苗期	5.0	10.0	0.13	5	1.0	17.22	0.00	0.63	0.58
2007	6	玉米	拔节期	5.0	70.5	0.42	5	1.0	370.25	3.20	29.48	32.68
2007	6	玉米	拔节期	5.0	63.5	0.41	5	1.0	407.67	8.04	38.49	46.53
2007	6	玉米	拔节期	5.0	56.5	0.31	5	1.0	537.83	14.53	43.18	57.71
2007	6	玉米	拔节期	5.0	58.5	0.37	5	1.0	482.35	7.52	35.46	42.98
2007	7	玉米	抽雄期	5.0	147.5	3.51	2	1.0	3 470.00	184.75	307.51	613.14
2007	7	玉米	抽雄期	5.0	181.5	3.46	2	1.0	4 273.00	313.44	425.17	857.59
2007	7	玉米	抽雄期	5.0	159.0	3.34	2	1.0	3 675.00	183.17	302.14	597.58
2007	7	玉米	抽雄期	5.0	175.5	3.40	2	1.0	4 547.50	246.36	383.16	748.82
2007	7	玉米	吐丝期	5.0	181.0	4.23	2	1.0	4 263.14	213.46	392.15	859.34
2007	7	玉米	吐丝期	5.0	186.0	4.46	2	1.0	2 842.98	216.35	376.46	758.16
2007	7	玉米	吐丝期	5.0	171.5	4.12	2	1.0	4 124.93	184.25	327.48	646.89
2007	7	玉米	吐丝期	5.0	173.3	4.27	2	1.0	4 728.85	300.36	498.48	962.98
2007	9	玉米	成熟期	5.0	178.0	3.43	2	1.0	4 136.00	189.34	418.25	1431.26
2007	9	玉米	成熟期	5.0	181.0	3.16	2	1.0	3 743.64	173.80	368.13	1359.59
2007	9	玉米	成熟期	5.0	185.0	3.51	2	1.0	3 956.44	176.30	363.20	1351.64
2007	9	玉米	成熟期	5.0	192.0	3.67	2	1.0	4 285.13	232.30	472.20	1681.43
2008	5	大豆	苗期	26.4	8.6	0.67	5	—	1.59	0.33	0.67	1.00
2008	5	大豆	苗期	27.2	9.2	0.58	5	—	1.53	0.27	0.58	0.85

（续）

年份	月份	作物名称	作物生育时期	密度（株或穴/m²）	群体高度（cm）	叶面积指数	调查株（穴）数	每株（穴）分蘖茎数	地上部总鲜重（g/m²）	茎干重（g/m²）	叶干重（g/m²）	地上部总干重（g/m²）
2008	5	大豆	苗期	28.9	9.4	0.62	5	—	1.56	0.28	0.61	0.89
2008	5	大豆	苗期	27.6	9.8	0.71	5	—	1.73	0.35	0.73	1.08
2008	6	大豆	分枝期	25.2	37.2	1.51	5	—	251.30	36.20	44.25	80.45
2008	6	大豆	分枝期	28.8	36.8	1.50	5	—	257.40	34.56	43.52	78.08
2008	6	大豆	分枝期	25.8	36.6	1.55	5	—	236.80	31.25	40.12	71.37
2008	6	大豆	分枝期	29.8	38.2	1.57	5	—	242.50	29.26	38.46	67.72
2008	6	大豆	始花期	27.1	62.4	3.30	5	—	912.40	135.25	152.20	287.45
2008	6	大豆	始花期	25.8	65.3	3.20	5	—	946.70	143.45	161.35	304.80
2008	6	大豆	始花期	25.9	70.6	3.90	5	—	963.90	151.75	174.80	326.55
2008	6	大豆	始花期	26.5	63.7	3.10	5	—	927.30	144.20	160.35	304.55
2008	7	大豆	盛花期	26.5	77.6	4.64	5	—	978.40	138.42	153.94	292.36
2008	7	大豆	盛花期	28.6	72.8	4.52	5	—	992.50	147.05	162.92	309.97
2008	7	大豆	盛花期	29.0	78.9	4.83	5	—	984.60	154.24	174.98	329.22
2008	7	大豆	盛花期	29.0	76.3	4.59	5	—	997.10	148.03	164.24	312.27
2008	7	大豆	结荚期	26.6	82.0	4.93	5	—	2 094.73	207.33	248.60	501.52
2008	7	大豆	结荚期	26.9	84.3	7.84	5	—	2 058.50	280.81	289.96	627.85
2008	7	大豆	结荚期	27.7	83.8	5.59	5	—	2 075.22	172.40	268.34	484.81
2008	7	大豆	结荚期	25.5	81.6	8.95	5	—	2 006.59	234.60	293.96	581.42
2008	8	大豆	鼓粒期	27.1	81.0	5.98	5	—	2 886.71	349.34	384.06	1 131.67
2008	8	大豆	鼓粒期	25.0	84.8	6.21	5	—	3 017.29	388.66	324.43	1 136.71
2008	8	大豆	鼓粒期	29.3	85.9	6.08	5	—	3 488.68	326.80	437.58	1 134.27
2008	8	大豆	鼓粒期	25.9	85.3	8.71	5	—	3 001.67	334.83	340.93	1 168.68
2008	9	大豆	成熟期	27.4	86.9	—	5	—	1 539.79	302.24	197.07	783.08
2008	9	大豆	成熟期	28.1	87.7	—	5	—	1 520.96	317.83	178.49	797.04
2008	9	大豆	成熟期	27.3	86.1	—	5	—	1 559.25	263.22	178.23	885.94
2008	9	大豆	成熟期	28.8	86.8	—	5	—	1 492.35	278.60	189.30	823.37

4.1.7.2 辅助观测场土壤生物监测长期采样地（空白）

表 4 - 30 辅助观测场土壤生物监测长期采样地（空白）作物叶面积与生物量动态

年份	月份	作物名称	作物生育时期	密度（株或穴/m²）	群体高度（cm）	叶面积指数	调查株（穴）数	每株（穴）分蘖茎数	地上部总鲜重（g/m²）	茎干重（g/m²）	叶干重（g/m²）	地上部总干重（g/m²）
2004	6	大豆	分枝期	36	80	1.4	5	—	258.24	30.07	37.06	67.13
2004	6	大豆	始花期	33	82	4.1	5	—	847.57	98.95	102.59	201.54
2004	8	大豆	结荚期	34	79	4.3	5	—	1 624.38	153.41	157.24	382.11
2004	8	大豆	鼓粒期	35	78	3.9	5	—	3 401.75	293.23	282.44	800.18
2004	9	大豆	成熟期	34	81	—	5	—	1 172.39	285.69	137.08	845.96
2005	6	玉米	苗期	5	9.1	0.14	5	1.0	17.24	0.00	0.64	0.64
2005	6	玉米	苗期	5	9.7	0.12	5	1.0	14.30	0.00	0.59	0.59
2005	6	玉米	苗期	5	8.6	0.14	5	1.0	14.71	0.00	0.75	0.75
2005	6	玉米	苗期	5	9.4	0.13	5	1.0	15.37	0.00	0.52	0.52

（续）

年份	月份	作物名称	作物生育时期	密度（株或穴/m²）	群体高度（cm）	叶面积指数	调查株（穴）数	每株（穴）分蘖茎数	地上部总鲜重（g/m²）	茎干重（g/m²）	叶干重（g/m²）	地上部总干重（g/m²）
2005	6	玉米	拔节期	5	46.3	0.34	5	1.0	208.25	1.94	13.70	15.64
2005	6	玉米	拔节期	5	43.9	0.27	5	1.0	287.67	4.64	25.67	30.31
2005	6	玉米	拔节期	5	39.5	0.19	5	1.0	352.86	2.34	24.93	27.27
2005	6	玉米	拔节期	5	29.6	0.19	5	1.0	197.94	3.32	19.43	22.75
2005	8	玉米	抽雄期	5	146.7	3.20	5	1.0	2 905.21	239.71	265.94	525.65
2005	8	玉米	抽雄期	5	143.5	3.24	5	1.0	3 729.93	300.05	294.45	615.00
2005	8	玉米	抽雄期	5	153.0	3.15	5	1.0	4 027.88	251.51	344.53	628.04
2005	8	玉米	抽雄期	5	142.0	3.13	5	1.0	3 433.38	252.05	368.67	633.72
2005	8	玉米	开花期	5	166.0	3.97	5	1.0	3 668.29	330.04	364.31	726.35
2005	8	玉米	开花期	5	165.0	4.25	5	1.0	3 662.21	285.83	348.48	654.31
2005	8	玉米	开花期	5	171.3	4.44	5	1.0	3 730.86	205.48	287.40	505.88
2005	8	玉米	开花期	5	175.4	4.24	5	1.0	3 821.46	289.12	311.72	619.84
2005	9	玉米	成熟期	5	174.0	2.46	5	1.0	4 554.24	145.55	63.40	1121.35
2005	9	玉米	成熟期	5	173.0	1.98	5	1.0	3 995.68	135.90	115.75	1192.20
2005	9	玉米	成熟期	5	169.0	2.24	5	1.0	4 476.73	186.30	160.80	1615.80
2005	9	玉米	成熟期	5	177.0	2.59	5	1.0	4 726.35	133.00	164.35	1013.40
2006	5	大豆	苗期	30	6.2	0.43	5	—	1.32	0.31	0.55	0.86
2006	5	大豆	苗期	30	7.3	0.51	5	—	1.44	0.36	0.41	0.77
2006	5	大豆	苗期	30	7.1	0.30	5	—	1.29	0.34	0.41	0.75
2006	5	大豆	苗期	30	6.9	0.44	5	—	1.48	0.43	0.51	0.94
2006	6	大豆	分枝期	30	33.1	1.42	5	—	224.70	35.31	42.03	77.34
2006	6	大豆	分枝期	30	31.6	1.47	5	—	216.40	24.21	47.36	71.57
2006	6	大豆	分枝期	30	30.4	1.39	5	—	203.31	28.88	34.56	63.44
2006	6	大豆	分枝期	30	32.5	1.46	5	—	211.27	31.85	38.38	70.23
2006	6	大豆	始花期	30	75.6	3.30	5	—	83.25	108.05	129.40	237.45
2006	6	大豆	始花期	30	79.4	3.20	5	—	926.40	100.85	141.50	242.35
2006	6	大豆	始花期	30	80.2	3.10	5	—	864.10	90.25	123.35	213.60
2006	6	大豆	始花期	30	79.3	3.80	5	—	933.12	89.89	134.45	224.34
2006	7	大豆	结荚期	30	83.5	4.45	5	—	1 835.47	195.65	198.86	464.50
2006	7	大豆	结荚期	30	82.5	4.26	5	—	1 989.34	183.25	216.50	482.63
2006	7	大豆	结荚期	30	84.0	4.37	5	—	2 001.64	146.45	244.30	489.24
2006	7	大豆	结荚期	30	81.5	4.13	5	—	1 079.96	174.55	228.49	488.40
2006	8	大豆	鼓粒期	30	82.7	3.64	5	—	2 774.50	303.76	296.48	800.32
2006	8	大豆	鼓粒期	30	87.4	3.53	5	—	2 946.70	301.43	287.57	785.33
2006	8	大豆	鼓粒期	30	88.7	3.63	5	—	3 235.70	308.80	296.13	806.57
2006	8	大豆	鼓粒期	30	84.5	3.71	5	—	2 826.15	312.39	287.12	799.34
2007	5	玉米	苗期	5.0	8.5	0.11	5	1.0	16.15	0.00	0.68	0.68
2007	5	玉米	苗期	5.0	9.1	0.13	5	1.0	17.26	0.00	0.72	0.72
2007	5	玉米	苗期	5.0	8.6	0.13	5	1.0	15.34	0.00	0.83	0.83
2007	5	玉米	苗期	5.0	8.8	0.13	5	1.0	17.18	0.00	0.67	0.67
2007	6	玉米	拔节期	5.0	48.5	0.36	5	1.0	217.44	2.04	14.10	16.14
2007	6	玉米	拔节期	5.0	45.6	0.31	5	1.0	243.63	4.24	23.47	27.71

（续）

年份	月份	作物名称	作物生育时期	密度（株或穴/m²）	群体高度（cm）	叶面积指数	调查株（穴）数	每株（穴）分蘖茎数	地上部总鲜重（g/m²）	茎干重（g/m²）	叶干重（g/m²）	地上部总干重（g/m²）
2007	6	玉米	拔节期	5.0	42.5	0.28	5	1.0	383.86	2.85	27.96	30.81
2007	6	玉米	拔节期	5.0	39.6	0.23	5	1.0	217.94	2.82	19.48	22.30
2007	7	玉米	抽雄期	5.0	151.7	2.90	2	1.0	3 154.21	256.71	267.84	545.65
2007	7	玉米	抽雄期	5.0	153.5	3.12	2	1.0	3 529.93	280.18	274.43	589.63
2007	7	玉米	抽雄期	5.0	164.0	3.37	2	1.0	3 927.88	263.52	353.53	642.04
2007	7	玉米	抽雄期	5.0	142.0	2.98	2	1.0	4 133.55	276.04	376.67	675.72
2007	7	玉米	吐丝期	5.0	161.3	3.97	2	1.0	3 723.45	334.24	371.32	730.31
2007	7	玉米	吐丝期	5.0	165.2	3.85	2	1.0	4 322.54	291.46	353.62	667.42
2007	7	玉米	吐丝期	5.0	173.3	4.04	2	1.0	4 030.86	223.48	292.51	537.84
2007	7	玉米	吐丝期	5.0	175.7	4.34	2	1.0	3 943.52	293.14	321.43	646.76
2007	9	玉米	成熟期	5.0	168.5	1.98	2	1.0	4 062.18	153.22	367.24	1022.46
2007	9	玉米	成熟期	5.0	168.8	1.98	2	1.0	3 874.26	143.70	164.75	1375.20
2007	9	玉米	成熟期	5.0	174.5	2.31	2	1.0	4 537.64	195.30	172.80	1637.45
2007	9	玉米	成熟期	5.0	176.5	2.47	2	1.0	4 413.42	154.52	138.95	1002.50
2008	5	大豆	苗期	27.6	9.0	1.11	5	—	1.90	0.61	0.95	1.28
2008	5	大豆	苗期	30.0	9.4	0.80	5	—	1.80	0.51	0.82	1.09
2008	5	大豆	苗期	26.4	9.7	0.96	5	—	1.70	0.40	0.73	1.01
2008	5	大豆	苗期	25.2	10.2	1.13	5	—	1.80	0.40	0.78	1.13
2008	6	大豆	分枝期	25.4	42.2	2.01	5	—	319.10	42.98	44.59	80.79
2008	6	大豆	分枝期	28.1	46.7	2.49	5	—	321.70	40.99	43.84	78.40
2008	6	大豆	分枝期	25.1	42.1	2.10	5	—	262.60	33.83	40.25	71.50
2008	6	大豆	分枝期	29.9	42.8	2.03	5	—	296.20	34.63	38.73	67.99
2008	6	大豆	始花期	29.5	63.2	3.38	5	—	1 009.20	144.93	152.68	287.93
2008	6	大豆	始花期	28.5	67.4	3.41	5	—	981.40	146.92	161.52	304.97
2008	6	大豆	始花期	25.6	71.9	4.03	5	—	1 022.60	157.62	175.09	326.84
2008	6	大豆	始花期	26.1	67.3	3.46	5	—	994.20	150.89	160.68	304.88
2008	7	大豆	盛花期	27.6	71.2	4.46	5	—	1 052.40	145.82	154.31	292.73
2008	7	大豆	盛花期	28.4	67.6	4.51	5	—	1 004.80	148.28	162.98	310.03
2008	7	大豆	盛花期	27.1	69.2	4.52	5	—	1 006.70	156.45	175.09	329.33
2008	7	大豆	盛花期	28.6	67.4	4.61	5	—	1 046.00	152.92	164.48	312.51
2008	7	大豆	结荚期	25.7	82.6	5.14	5	—	2 095.60	207.42	248.60	501.52
2008	7	大豆	结荚期	27.7	73.8	4.62	5	—	2 071.10	282.07	290.02	627.91
2008	7	大豆	结荚期	29.5	84.9	5.43	5	—	2 132.10	178.09	268.62	485.09
2008	7	大豆	结荚期	25.5	82.3	5.19	5	—	2 098.80	243.82	294.42	581.88
2008	8	大豆	鼓粒期	27.7	89.6	5.69	5	—	2 978.80	358.55	384.52	1 132.13
2008	8	大豆	鼓粒期	29.1	81.8	8.59	5	—	3 089.80	395.91	324.79	1 137.07
2008	8	大豆	鼓粒期	27.4	78.0	6.01	5	—	3 515.00	329.43	437.71	1 134.40
2008	8	大豆	鼓粒期	29.7	82.7	9.06	5	—	3 078.90	342.55	341.32	1 169.07
2008	9	大豆	成熟期	27.9	90.1	—	5	—	1 623.80	310.64	197.49	783.50
2008	9	大豆	成熟期	28.6	81.8	—	5	—	1 595.90	325.33	178.86	797.41
2008	9	大豆	成熟期	26.7	83.7	—	5	—	1 578.50	265.15	178.33	886.04
2008	9	大豆	成熟期	26.5	86.1	—	5	—	1 562.40	285.61	189.65	823.72

4.1.7.3　辅助观测场土壤生物监测长期采样地（秸秆还田）

表 4-31　辅助观测场土壤生物监测长期采样地（秸秆还田白）作物叶面积与生物量动态

年份	月份	作物名称	作物生育时期	密度（株或穴/m²）	群体高度（cm）	叶面积指数	调查株（穴）数	每株（穴）分蘖茎数	地上部总鲜重（g/m²）	茎干重（g/m²）	叶干重（g/m²）	地上部总干重（g/m²）
2004	6	大豆	分枝期	34	83	1.8	5	—	285.74	33.44	36.97	70.41
2004	6	大豆	始花期	35	86	4.2	5	—	924.87	115.74	120.37	236.11
2004	8	大豆	结荚期	37	87	4.4	5	—	1 847.82	190.02	197.23	480.13
2004	8	大豆	鼓粒期	36	85	3.9	5	—	3 347.33	294.51	290.45	812.97
2004	9	大豆	成熟期	35	88	—	5	—	987.26	269.53	112.03	763.33
2005	6	玉米	苗期	5	9.4	0.15	5	1.0	21.13	0.00	0.66	0.66
2005	6	玉米	苗期	5	10.6	0.13	5	1.0	16.90	0.00	0.68	0.68
2005	6	玉米	苗期	5	9.8	0.12	5	1.0	18.75	0.00	0.73	0.73
2005	6	玉米	苗期	5	10.4	0.14	5	1.0	20.67	0.00	0.61	0.61
2005	6	玉米	拔节期	5	63.5	0.33	5	1.0	380.50	8.17	39.67	47.83
2005	6	玉米	拔节期	5	63.5	0.29	5	1.0	918.67	22.17	68.17	90.33
2005	6	玉米	拔节期	5	62.5	0.27	5	1.0	744.50	21.00	60.83	81.83
2005	6	玉米	拔节期	5	51.0	0.26	5	1.0	246.17	3.33	29.17	32.50
2005	8	玉米	抽雄期	5	167.7	3.73	5	1.0	3 172.33	215.64	296.16	530.80
2005	8	玉米	抽雄期	5	178.9	3.42	5	1.0	2 872.52	193.17	256.80	471.97
2005	8	玉米	抽雄期	5	182.0	3.88	5	1.0	2 589.05	189.31	258.62	477.92
2005	8	玉米	抽雄期	5	174.5	3.57	5	1.0	3 662.21	285.83	348.48	654.31
2005	8	玉米	开花期	5	178.0	4.26	5	1.0	4 859.60	311.63	389.57	721.20
2005	8	玉米	开花期	5	193.0	4.66	5	1.0	3 609.91	271.43	308.97	599.40
2005	8	玉米	开花期	5	179.6	4.73	5	1.0	2 165.01	151.66	208.61	381.77
2005	8	玉米	开花期	5	177.5	4.52	5	1.0	4 553.72	294.58	354.43	677.51
2005	9	玉米	成熟期	5	197.0	2.76	5	1.0	4 946.72	124.55	138.50	1 337.05
2005	9	玉米	成熟期	5	175.0	2.69	5	1.0	4 565.64	97.50	163.00	1 229.75
2005	9	玉米	成熟期	5	176.0	2.54	5	1.0	4 258.73	105.00	88.00	925.00
2005	9	玉米	成熟期	5	172.0	2.37	5	1.0	4 376.65	159.95	84.35	1 105.45
2006	5	大豆	苗期	30	9.8	0.73	5	—	1.87	0.39	0.66	1.05
2006	5	大豆	苗期	30	10.5	0.74	5	—	1.69	0.40	0.61	1.01
2006	5	大豆	苗期	30	9.6	0.66	5	—	1.78	0.33	0.59	0.92
2006	5	大豆	苗期	30	10.8	0.67	5	—	1.85	0.31	0.73	1.04
2006	6	大豆	分枝期	30	36.2	1.53	5	—	235.60	35.98	43.44	79.42
2006	6	大豆	分枝期	30	35.3	1.57	5	—	258.80	37.92	45.63	83.55
2006	6	大豆	分枝期	30	35.7	1.56	5	—	236.35	23.31	41.02	64.33
2006	6	大豆	分枝期	30	38.7	1.49	5	—	234.37	40.95	38.33	79.28
2006	6	大豆	始花期	30	80.5	3.67	5	—	881.27	120.66	130.70	251.36
2006	6	大豆	始花期	30	82.4	4.12	5	—	925.13	109.87	139.50	249.37
2006	6	大豆	始花期	30	73.6	4.03	5	—	902.15	119.09	126.32	245.41
2006	6	大豆	始花期	30	80.3	4.12	5	—	934.15	115.69	137.69	253.38
2006	7	大豆	结荚期	30	88.5	4.45	5	—	2 127.36	198.65	215.30	493.70
2006	7	大豆	结荚期	30	87.5	4.27	5	—	2 102.35	183.27	227.60	492.77
2006	7	大豆	结荚期	30	84.5	4.91	5	—	2 011.54	159.45	273.70	524.26
2006	7	大豆	结荚期	30	86.5	4.66	5	—	1 999.80	192.54	246.37	503.50

（续）

年份	月份	作物名称	作物生育时期	密度（株或穴/m^2）	群体高度（cm）	叶面积指数	调查株（穴）数	每株（穴）分蘖茎数	地上部总鲜重（g/m^2）	茎干重（g/m^2）	叶干重（g/m^2）	地上部总干重（g/m^2）
2006	8	大豆	鼓粒期	30	83.7	3.43	5	—	2 882.50	300.45	301.48	814.43
2006	8	大豆	鼓粒期	30	87.4	3.29	5	—	2 986.70	312.46	308.41	803.19
2006	8	大豆	鼓粒期	30	85.7	3.64	5	—	3 058.20	315.73	306.17	814.59
2006	8	大豆	鼓粒期	30	82.5	4.07	5	—	2 928.15	327.25	311.34	821.12
2007	5	玉米	苗期	5.0	11.5	0.16	5	1.0	24.06	0.00	0.75	0.75
2007	5	玉米	苗期	5.0	12.1	0.14	5	1.0	21.36	0.00	0.82	0.82
2007	5	玉米	苗期	5.0	11.7	0.13	5	1.0	23.23	0.00	0.75	0.75
2007	5	玉米	苗期	5.0	10.8	0.12	5	1.0	24.56	0.00	0.81	0.81
2007	6	玉米	拔节期	5.0	81.5	0.31	5	1.0	696.34	11.23	45.62	56.85
2007	6	玉米	拔节期	5.0	78.5	0.29	5	1.0	812.43	19.64	62.17	81.81
2007	6	玉米	拔节期	5.0	80.5	0.28	5	1.0	911.25	23.41	64.35	87.76
2007	6	玉米	拔节期	5.0	75.0	0.19	5	1.0	716.52	15.84	48.24	64.08
2007	7	玉米	抽雄期	5.0	173.7	3.82	2	1.0	3 542.21	224.13	305.18	546.70
2007	7	玉米	抽雄期	5.0	181.9	3.86	2	1.0	3 346.85	201.14	284.52	513.57
2007	7	玉米	抽雄期	5.0	182.0	3.87	2	1.0	3 564.28	214.62	293.56	535.43
2007	7	玉米	抽雄期	5.0	178.5	3.67	2	1.0	3 115.21	245.43	325.38	589.31
2007	7	玉米	吐丝期	5.0	186.0	4.38	2	1.0	4 136.89	295.45	371.26	691.40
2007	7	玉米	吐丝期	5.0	203.0	4.84	2	1.0	3 725.89	264.28	294.56	576.40
2007	7	玉米	吐丝期	5.0	199.6	4.81	2	1.0	3 175.01	243.66	226.53	491.77
2007	7	玉米	吐丝期	5.0	187.5	4.42	2	1.0	4 332.26	255.16	342.43	621.51
2007	9	玉米	成熟期	5.0	198.0	2.67	2	1.0	4 539.45	105.63	112.40	1 125.05
2007	9	玉米	成熟期	5.0	186.0	2.59	2	1.0	4 845.36	110.50	168.00	1 242.75
2007	9	玉米	成熟期	5.0	173.0	2.43	2	1.0	4 784.73	121.37	96.59	942.38
2007	9	玉米	成熟期	5.0	179.0	2.40	2	1.0	4 573.11	162.32	105.35	1 002.45
2008	5	大豆	苗期	26.7	8.7	0.68	5	—	2.00	0.73	1.07	1.40
2008	5	大豆	苗期	29.4	10.2	0.77	5	—	1.60	0.30	0.61	0.88
2008	5	大豆	苗期	25.5	10.3	0.76	5	—	1.80	0.54	0.87	1.15
2008	5	大豆	苗期	25.3	10.0	0.83	5	—	2.00	0.67	1.05	1.40
2008	6	大豆	分枝期	27.2	41.9	2.80	5	—	299.80	41.05	44.49	80.69
2008	6	大豆	分枝期	26.1	38.5	6.29	5	—	304.50	39.27	43.76	78.32
2008	6	大豆	分枝期	25.6	41.2	3.44	5	—	279.50	35.52	40.33	71.58
2008	6	大豆	分枝期	25.3	41.1	1.93	5	—	277.00	32.71	38.63	67.89
2008	6	大豆	始花期	27.6	59.4	6.39	5	—	965.00	140.51	152.46	287.71
2008	6	大豆	始花期	25.3	60.6	5.97	5	—	1 008.30	149.61	161.66	305.11
2008	6	大豆	始花期	29.4	68.3	7.28	5	—	971.70	152.53	174.84	326.59
2008	6	大豆	始花期	29.3	58.9	4.16	5	—	1 008.70	152.34	160.76	304.96
2008	7	大豆	盛花期	27.3	76.1	9.51	5	—	1 024.80	143.06	154.17	292.59
2008	7	大豆	盛花期	25.0	68.2	6.44	5	—	993.60	147.16	162.93	309.98
2008	7	大豆	盛花期	28.9	74.6	9.52	5	—	1 039.40	159.72	175.25	329.49
2008	7	大豆	盛花期	27.2	74.4	5.56	5	—	1 046.30	152.95	164.49	312.52
2008	7	大豆	结荚期	29.7	78.0	6.98	5	—	2 128.40	210.69	248.77	501.69
2008	7	大豆	结荚期	28.8	81.6	8.18	5	—	2 143.90	289.35	290.39	628.28

（续）

年份	月份	作物名称	作物生育时期	密度（株或穴/m²）	群体高度（cm）	叶面积指数	调查株（穴）数	每株（穴）分蘖茎数	地上部总鲜重（g/m²）	茎干重（g/m²）	叶干重（g/m²）	地上部总干重（g/m²）
2008	7	大豆	结荚期	27.8	80.9	9.27	5	—	2 169.20	181.80	268.81	485.28
2008	7	大豆	结荚期	26.2	80.4	10.51	5	—	2 008.20	234.76	293.97	581.43
2008	8	大豆	鼓粒期	25.0	79.5	7.01	5	—	2 938.20	354.49	384.32	1 131.93
2008	8	大豆	鼓粒期	28.9	80.1	10.68	5	—	3 061.50	393.08	324.65	1 136.93
2008	8	大豆	鼓粒期	28.4	82.7	6.24	5	—	3 497.70	327.70	437.62	1 134.31
2008	8	大豆	鼓粒期	27.3	84.8	12.17	5	—	3 013.20	335.99	340.99	1 168.74
2008	9	大豆	成熟期	27.6	83.8	—	5	—	1 552.60	303.52	197.13	783.14
2008	9	大豆	成熟期	30.0	87.4	—	5	—	1 586.20	324.35	178.82	797.37
2008	9	大豆	成熟期	29.6	83.4	—	5	—	1 620.30	269.33	178.54	886.25
2008	9	大豆	成熟期	28.8	83.2	—	5	—	1 581.40	287.50	189.75	823.82

4.1.8　耕作层作物根生物量

4.1.8.1　综合观测场

表 4-32　综合观测场耕作层作物根生物量

年份	月份	作物名称	作物品种	作物生育时期	样方面积（cm×cm）	耕作层深度（cm）	根干重（g/m²）	约占总根干重比例（%）
2004	8	大豆	黑农 35	鼓粒期	A	70×20	20	450.45
2004	8	大豆	黑农 35	鼓粒期	F	70×20	20	486.55
2004	8	大豆	黑农 35	鼓粒期	K	70×20	20	347.84
2004	8	大豆	黑农 35	鼓粒期	P	70×20	20	421.92
2005	9	玉米	海玉 6	抽雄期	1	70×20	20	143.82
2005	9	玉米	海玉 6	抽雄期	2	70×20	20	172.74
2005	9	玉米	海玉 6	抽雄期	3	70×20	20	165.49
2005	9	玉米	海玉 6	抽雄期	4	70×20	20	153.46
2005	9	玉米	海玉 6	抽雄期	5	70×20	20	174.17
2005	10	玉米	海玉 6	收获期	1	70×20	20	120.71
2005	10	玉米	海玉 6	收获期	2	70×20	20	94.29
2005	10	玉米	海玉 6	收获期	3	70×20	20	64.29
2005	10	玉米	海玉 6	收获期	4	70×20	20	94.29
2005	10	玉米	海玉 6	收获期	5	70×20	20	86.87
2005	10	玉米	海玉 6	收获期	1	70×20	20	120.71
2005	10	玉米	海玉 6	收获期	2	70×20	20	94.29
2005	10	玉米	海玉 6	收获期	3	70×20	20	64.29
2005	10	玉米	海玉 6	收获期	4	70×20	20	94.29
2005	10	玉米	海玉 6	收获期	5	70×20	20	86.87
2006	8	大豆	黑农 35	鼓粒期	1	70×20	20	93.14
2006	8	大豆	黑农 35	鼓粒期	2	70×20	20	89.65
2006	8	大豆	黑农 35	鼓粒期	3	70×20	20	88.67
2006	8	大豆	黑农 35	鼓粒期	4	70×20	20	92.38
2006	8	大豆	黑农 35	鼓粒期	5	70×20	20	90.59

（续）

年份	月份	作物名称	作物品种	作物生育时期	样方面积（cm×cm）	耕作层深度（cm）	根干重（g/m²）	约占总根干重比例（%）
2006	10	大豆	黑农 35	收获期	1	70×20	20	68.20
2006	10	大豆	黑农 35	收获期	2	70×20	20	64.33
2006	10	大豆	黑农 35	收获期	3	70×20	20	64.29
2006	10	大豆	黑农 35	收获期	4	70×20	20	59.68
2006	10	大豆	黑农 35	收获期	5	70×20	20	58.34
2007	5	玉米	海玉 6	出苗期	1	70×1.43	20	1.20
2007	5	玉米	海玉 6	出苗期	2	70×1.43	20	1.14
2007	5	玉米	海玉 6	出苗期	3	70×1.43	20	1.13
2007	5	玉米	海玉 6	出苗期	4	70×1.43	20	1.15
2007	5	玉米	海玉 6	出苗期	5	70×1.43	20	1.17
2007	7	玉米	海玉 6	抽雄期	1	70×20	20	127.00
2007	7	玉米	海玉 6	抽雄期	2	70×20	20	134.59
2007	7	玉米	海玉 6	抽雄期	3	70×20	20	128.44
2007	7	玉米	海玉 6	抽雄期	4	70×20	20	143.71
2007	7	玉米	海玉 6	抽雄期	5	70×20	20	165.64
2007	10	玉米	海玉 6	收获期	1	70×20	20	71.46
2007	10	玉米	海玉 6	收获期	2	70×20	20	82.43
2007	10	玉米	海玉 6	收获期	3	70×20	20	74.59
2007	10	玉米	海玉 6	收获期	4	70×20	20	85.56
2007	10	玉米	海玉 6	收获期	5	70×20	20	86.43
2008	8	大豆	黑农 35	鼓粒期	1	70×20	20	110.15
2008	8	大豆	黑农 35	鼓粒期	2	70×20	20	101.89
2008	8	大豆	黑农 35	鼓粒期	3	70×20	20	107.39
2008	8	大豆	黑农 35	鼓粒期	4	70×20	20	106.08
2008	8	大豆	黑农 35	鼓粒期	5	70×20	20	103.90
2008	10	大豆	黑农 35	收获期	1	70×20	20	77.13
2008	10	大豆	黑农 35	收获期	2	70×20	20	78.54
2008	10	大豆	黑农 35	收获期	3	70×20	20	76.02
2008	10	大豆	黑农 35	收获期	4	70×20	20	71.35
2008	10	大豆	黑农 35	收获期	5	70×20	20	66.35

4.1.8.2 辅助观测场土壤生物监测长期采样地（空白）

表 4-33 辅助观测场土壤生物监测长期采样地（空白）耕作层作物根生物量

年份	月份	作物名称	作物品种	作物生育时期	样方面积（cm×cm）	耕作层深度（cm）	根干重（g/m²）	约占总根干重比例（%）
2004	8	大豆	黑农 35	鼓粒期	A	70×20	20	343.85
2004	8	大豆	黑农 35	鼓粒期	F	70×20	20	392.11
2004	8	大豆	黑农 35	鼓粒期	K	70×20	20	359.23
2004	8	大豆	黑农 35	鼓粒期	P	70×20	20	322.29
2005	9	玉米	海玉 6	抽雄期	1	70×20	20	115.26
2005	9	玉米	海玉 6	抽雄期	2	70×20	20	128.37
2005	9	玉米	海玉 6	抽雄期	3	70×20	20	134.49

（续）

年份	月份	作物名称	作物品种	作物生育时期	样方面积（cm×cm）	耕作层深度（cm）	根干重（g/m^2）	约占总根干重比例（%）
2005	9	玉米	海玉 6	抽雄期	4	70×20	20	124.33
2005	9	玉米	海玉 6	抽雄期	5	70×20	20	103.00
2005	10	玉米	海玉 6	收获期	1	70×20	20	80.36
2005	10	玉米	海玉 6	收获期	2	70×20	20	82.26
2005	10	玉米	海玉 6	收获期	3	70×20	20	88.57
2005	10	玉米	海玉 6	收获期	4	70×20	20	115.00
2005	10	玉米	海玉 6	收获期	5	70×20	20	54.86
2006	8	大豆	黑农 35	鼓粒期	1	70×20	20	68.46
2006	8	大豆	黑农 35	鼓粒期	2	70×20	20	64.53
2006	8	大豆	黑农 35	鼓粒期	3	70×20	20	70.25
2006	8	大豆	黑农 35	鼓粒期	4	70×20	20	63.18
2006	8	大豆	黑农 35	鼓粒期	5	70×20	20	60.29
2006	10	大豆	黑农 35	收获期	1	70×20	20	52.36
2006	10	大豆	黑农 35	收获期	2	70×20	20	55.27
2006	10	大豆	黑农 35	收获期	3	70×20	20	54.31
2006	10	大豆	黑农 35	收获期	4	70×20	20	52.69
2006	10	大豆	黑农 35	收获期	5	70×20	20	54.86
2007	5	玉米	海玉 6	出苗期	1	70×1.43	20	0.86
2007	5	玉米	海玉 6	出苗期	2	70×1.43	20	0.79
2007	5	玉米	海玉 6	出苗期	3	70×1.43	20	0.85
2007	5	玉米	海玉 6	出苗期	4	70×1.43	20	0.83
2007	5	玉米	海玉 6	出苗期	5	70×1.43	20	0.88
2007	7	玉米	海玉 6	抽雄期	1	70×20	20	151.55
2007	7	玉米	海玉 6	抽雄期	2	70×20	20	117.12
2007	7	玉米	海玉 6	抽雄期	3	70×20	20	134.47
2007	7	玉米	海玉 6	抽雄期	4	70×20	20	159.63
2007	7	玉米	海玉 6	抽雄期	5	70×20	20	123.34
2007	10	玉米	海玉 6	收获期	1	70×20	20	74.44
2007	10	玉米	海玉 6	收获期	2	70×20	20	92.56
2007	10	玉米	海玉 6	收获期	3	70×20	20	87.21
2007	10	玉米	海玉 6	收获期	4	70×20	20	95.12
2007	10	玉米	海玉 6	收获期	5	70×20	20	93.44
2008	8	大豆	黑农 35	鼓粒期	1	70×20	20	79.52
2008	8	大豆	黑农 35	鼓粒期	2	70×20	20	80.26
2008	8	大豆	黑农 35	鼓粒期	3	70×20	20	88.53
2008	8	大豆	黑农 35	鼓粒期	4	70×20	20	78.49
2008	8	大豆	黑农 35	鼓粒期	5	70×20	20	76.16
2008	10	大豆	黑农 35	收获期	1	70×20	20	65.53
2008	10	大豆	黑农 35	收获期	2	70×20	20	70.17
2008	10	大豆	黑农 35	收获期	3	70×20	20	64.09
2008	10	大豆	黑农 35	收获期	4	70×20	20	61.63
2008	10	大豆	黑农 35	收获期	5	70×20	20	66.08

4.1.8.3 辅助观测场土壤生物监测长期采样地（秸秆还田）

表 4-34 辅助观测场土壤生物监测长期采样地（秸秆还田）耕作层作物根生物量

年份	月份	作物名称	作物品种	作物生育时期	样方面积（cm×cm）	耕作层深度（cm）	根干重（g/m^2）	约占总根干重比例（%）
2004	8	大豆	黑农 35	鼓粒期	A	70×20	20	434.59
2004	8	大豆	黑农 35	鼓粒期	F	70×20	20	455.37
2004	8	大豆	黑农 35	鼓粒期	K	70×20	20	493.26
2004	8	大豆	黑农 35	鼓粒期	P	70×20	20	413.25
2005	9	玉米	海玉 6	抽雄期	1	70×20	20	138.47
2005	9	玉米	海玉 6	抽雄期	2	70×20	20	142.23
2005	9	玉米	海玉 6	抽雄期	3	70×20	20	126.29
2005	9	玉米	海玉 6	抽雄期	4	70×20	20	150.58
2005	9	玉米	海玉 6	抽雄期	5	70×20	20	147.26
2005	10	玉米	海玉 6	收获期	1	70×20	20	72.50
2005	10	玉米	海玉 6	收获期	2	70×20	20	120.71
2005	10	玉米	海玉 6	收获期	3	70×20	20	100.32
2005	10	玉米	海玉 6	收获期	4	70×20	20	70.64
2005	10	玉米	海玉 6	收获期	5	70×20	20	69.28
2006	8	大豆	黑农 35	鼓粒期	1	70×20	20	96.27
2006	8	大豆	黑农 35	鼓粒期	2	70×20	20	93.46
2006	8	大豆	黑农 35	鼓粒期	3	70×20	20	92.59
2006	8	大豆	黑农 35	鼓粒期	4	70×20	20	95.14
2006	8	大豆	黑农 35	鼓粒期	5	70×20	20	91.58
2006	10	大豆	黑农 35	收获期	1	70×20	20	66.49
2006	10	大豆	黑农 35	收获期	2	70×20	20	65.37
2006	10	大豆	黑农 35	收获期	3	70×20	20	68.26
2006	10	大豆	黑农 35	收获期	4	70×20	20	70.64
2006	10	大豆	黑农 35	收获期	5	70×20	20	69.28
2007	5	玉米	海玉 6	出苗期	1	70×1.43	20	0.79
2007	5	玉米	海玉 6	出苗期	2	70×1.43	20	1.05
2007	5	玉米	海玉 6	出苗期	3	70×1.43	20	1.07
2007	5	玉米	海玉 6	出苗期	4	70×1.43	20	0.96
2007	5	玉米	海玉 6	出苗期	5	70×1.43	20	1.14
2007	7	玉米	海玉 6	抽雄期	1	70×20	20	138.14
2007	7	玉米	海玉 6	抽雄期	2	70×20	20	159.51
2007	7	玉米	海玉 6	抽雄期	3	70×20	20	144.47
2007	7	玉米	海玉 6	抽雄期	4	70×20	20	126.67
2007	7	玉米	海玉 6	抽雄期	5	70×20	20	137.89
2007	10	玉米	海玉 6	收获期	1	70×20	20	75.46
2007	10	玉米	海玉 6	收获期	2	70×20	20	98.44
2007	10	玉米	海玉 6	收获期	3	70×20	20	75.43
2007	10	玉米	海玉 6	收获期	4	70×20	20	92.45
2007	10	玉米	海玉 6	收获期	5	70×20	20	71.43
2008	8	大豆	黑农 35	鼓粒期	1	70×20	20	114.94
2008	8	大豆	黑农 35	鼓粒期	2	70×20	20	110.17

（续）

年份	月份	作物名称	作物品种	作物生育时期	样方面积（cm×cm）	耕作层深度（cm）	根干重（g/m²）	约占总根干重比例（%）
2008	8	大豆	黑农 35	鼓粒期	3	70×20	20	110.15
2008	8	大豆	黑农 35	鼓粒期	4	70×20	20	114.17
2008	8	大豆	黑农 35	鼓粒期	5	70×20	20	108.30
2008	10	大豆	黑农 35	收获期	1	70×20	20	80.85
2008	10	大豆	黑农 35	收获期	2	70×20	20	74.42
2008	10	大豆	黑农 35	收获期	3	70×20	20	79.78
2008	10	大豆	黑农 35	收获期	4	70×20	20	84.96
2008	10	大豆	黑农 35	收获期	5	70×20	20	77.53

4.1.9　作物根系分布

4.1.9.1　综合观测场

表 4-35　综合观测场作物根系分布

年份	月份	作物名称	作物品种	作物生育时期	0～10cm	10～20cm	20～30cm	30～40cm	40～60cm	60～80cm	80～100cm
					根干重（g/m²）	根干重（g/m²）	根干重（g/m²）	根干重（g/m²）	根干重（g/m²）	根干重（g/m²）	根干重（g/m²）
2005	9	玉米	海玉 6	抽雄期	94.29	21.38	7.64	4.66	5.31	2.03	0.88
2005	9	玉米	海玉 6	抽雄期	88.76	19.15	7.58	4.37	4.24	1.45	0.69
2005	9	玉米	海玉 6	抽雄期	83.48	18.87	6.93	4.02	4.66	1.38	0.74
2005	9	玉米	海玉 6	抽雄期	78.23	17.26	7.21	4.29	3.29	1.52	0.53
2005	9	玉米	海玉 6	抽雄期	77.91	18.88	7.33	4.89	5.28	1.44	0.42
2005	6	玉米	海玉 6	抽雄期	79.33	18.64	7.59	3.93	3.47	1.03	0.62
2006	6	大豆	黑农 35	花期	333.06	58.20	19.20	7.20	4.20	0.08	0.02
2006	6	大豆	黑农 35	花期	297.33	52.59	17.58	5.37	3.27	0.05	0.01
2006	6	大豆	黑农 35	花期	383.45	68.84	22.93	8.02	4.18	0.09	0.03
2006	6	大豆	黑农 35	花期	362.14	57.26	17.23	4.27	3.29	0.02	0.03
2006	6	大豆	黑农 35	花期	377.91	68.88	23.33	4.89	5.28	0.04	0.01
2006	6	大豆	黑农 35	花期	379.33	50.64	27.59	3.93	3.47	0.03	0.02

4.1.9.2　辅助观测场土壤生物监测长期采样地（空白）

表 4-36　辅助观测场土壤生物监测长期采样地（空白）作物根系分布

年份	月份	作物名称	作物品种	作物生育时期	0～10cm	10～20cm	20～30cm	30～40cm	40～60cm	60～80cm	80～100cm
					根干重（g/m²）	根干重（g/m²）	根干重（g/m²）	根干重（g/m²）	根干重（g/m²）	根干重（g/m²）	根干重（g/m²）
2005	9	玉米	海玉 6	抽雄期	72.49	20.09	7.93	5.62	4.96	2.44	0.69
2005	9	玉米	海玉 6	抽雄期	68.22	15.26	8.02	5.88	5.33	1.69	0.32
2005	9	玉米	海玉 6	抽雄期	53.59	14.37	6.24	4.35	4.26	0.98	1.04
2005	9	玉米	海玉 6	抽雄期	82.43	18.29	7.09	5.00	4.07	1.47	0.47
2005	9	玉米	海玉 6	抽雄期	68.74	16.72	6.96	3.44	3.67	2.02	0.93
2005	6	玉米	海玉 6	抽雄期	398.06	68.20	29.20	6.34	5.20	0.08	0.02
2006	6	大豆	黑农 35	花期	397.33	62.11	27.39	9.52	6.21	0.02	0.00
2006	6	大豆	黑农 35	花期	402.34	48.84	12.93	3.01	2.11	0.03	0.01
2006	6	大豆	黑农 35	花期	453.28	71.36	18.11	5.19	6.24	0.05	0.01
2006	6	大豆	黑农 35	花期	413.27	73.46	25.31	6.67	2.38	0.06	0.02
2006	6	大豆	黑农 35	花期	461.34	66.65	28.51	4.93	2.47	0.03	0.01
2006	6	大豆	黑农 35	花期	398.06	68.20	29.20	6.34	5.20	0.08	0.02

4.1.9.3 辅助观测场土壤生物监测长期采样地（秸秆还田）

表 4-37 辅助观测场土壤生物监测长期采样地（秸秆还田）作物根系分布

年份	月份	作物名称	作物品种	作物生育时期	0～10cm 根干重 (g/m²)	10～20cm 根干重 (g/m²)	20～30cm 根干重 (g/m²)	30～40cm 根干重 (g/m²)	40～60cm 根干重 (g/m²)	60～80cm 根干重 (g/m²)	80～100cm 根干重 (g/m²)
2005	9	玉米	海玉 6	抽雄期	96.73	14.39	4.68	5.05	2.19	0.76	0.54
2005	9	玉米	海玉 6	抽雄期	100.02	18.64	3.78	2.96	5.60	1.03	0.49
2005	9	玉米	海玉 6	抽雄期	89.97	13.39	5.29	4.39	4.72	1.57	0.37
2005	9	玉米	海玉 6	抽雄期	84.82	17.29	6.33	5.47	5.38	1.42	0.68
2005	9	玉米	海玉 6	抽雄期	93.24	19.34	7.00	5.53	5.29	1.39	0.54
2005	6	玉米	海玉 6	抽雄期	96.29	16.26	4.88	4.30	3.96	0.87	0.43
2006	6	大豆	黑农 35	花期	327.05	59.26	24.23	8.34	3.20	0.09	0.02
2006	6	大豆	黑农 35	花期	313.32	63.18	25.48	9.52	2.21	0.11	0.02
2006	6	大豆	黑农 35	花期	302.39	55.86	17.53	6.07	4.71	0.07	0.01
2006	6	大豆	黑农 35	花期	353.26	69.37	18.39	5.99	4.25	0.09	0.01
2006	6	大豆	黑农 35	花期	351.28	65.49	21.46	6.97	2.37	0.10	0.02
2006	6	大豆	黑农 35	花期	361.14	68.67	20.58	7.94	2.55	0.06	0.01

4.1.10 作物收获期植株性状与产量

4.1.10.1 综合观测场

表 4-38 综合观测场小麦收获期植株性状

年份	调查株数	单株总茎数	每穗小穗数	每穗结实小穗数	每穗粒数	千粒重（g）
2005	20	1.0	27.6	26.8	34.9	38.59
2005	20	1.0	28.3	26.6	33.6	44.43
2005	20	1.0	27.2	26.3	40.1	40.26
2005	20	1.0	29.7	25.4	37.2	39.27
2005	20	1.0	29.2	26.7	32.2	39.14
2005	20	1.0	28.7	25.9	30.8	39.67

表 4-39 综合观测场大豆收获期植株性状

年份	作物品种	考种调查株数（株）	群体株高（cm）	茎粗（cm）	单株荚数	每荚粒数（粒）	百粒重（g）
2004	黑农 35	10	83.0	0.8	42.0	2.1	17.20
2004	黑农 35	10	87.0	0.8	39.0	2.7	17.90
2004	黑农 35	10	89.0	0.7	45.0	2.3	18.10
2004	黑农 35	10	79.0	0.9	43.0	2.3	17.70
2006	黑农 35	10	85.1	0.5	41.6	2.3	16.14
2006	黑农 35	10	82.6	0.6	43.3	2.3	15.26
2006	黑农 35	10	81.9	0.4	42.1	2.2	16.40
2006	黑农 35	10	82.6	0.5	44.5	2.2	16.35
2006	黑农 35	10	83.7	0.4	42.6	2.0	15.90
2006	黑农 35	10	79.6	0.5	40.4	2.2	16.71
2008	黑农 35	10	87.7	0.8	42.0	2.4	16.47
2008	黑农 35	10	88.3	0.9	43.5	2.5	15.28
2008	黑农 35	10	86.1	0.4	42.3	2.6	16.63
2008	黑农 35	10	86.3	0.7	44.7	2.5	16.36
2008	黑农 35	10	89.3	0.5	42.6	2.2	16.25
2008	黑农 35	10	81.5	0.7	40.7	2.6	17.04

表 4－40　综合观测场玉米收获期植株性状

年份	作物品种	群体株高（cm）	结穗高度（cm）	茎粗（cm）	空秆率（%）	果穗长度（cm）	果穗结实长度（cm）	穗粗（cm）	穗行数	行粒数	百粒重（g）
2005	海玉 6	195	110	2.0	0.0	24.3	23.7	5.0	12.6	45.1	31.76
2005	海玉 6	229	133	2.3	0.0	20.7	20.4	5.0	14.4	45.0	34.50
2005	海玉 6	224	137	1.8	0.0	22.0	19.8	5.0	16.3	36.9	38.10
2005	海玉 6	248	144	2.1	0.0	24.6	23.3	5.0	12.2	46.8	29.47
2005	海玉 6	235	125	2.2	0.0	24.7	21.1	5.0	15.0	41.0	32.64
2005	海玉 6	210	138	2.1	0.0	20.9	20.2	5.0	14.0	42.8	31.90
2007	海玉 6	207	108	2.1	0.0	22.4	21.9	5.0	13.8	46.3	33.29
2007	海玉 6	234	126	2.2	0.0	21.3	20.1	5.0	13.2	43.2	32.47
2007	海玉 6	219	115	2.0	0.0	20.2	19.1	5.0	15.2	38.2	35.28
2007	海玉 6	221	130	2.2	0.0	23.4	22.3	5.0	13.1	47.2	34.20
2007	海玉 6	209	107	2.0	0.0	20.1	18.8	5.0	14.2	39.2	32.49
2007	海玉 6	208	105	2.0	0.0	21.4	20.2	5.0	15.1	40.7	31.87

4.1.10.2　辅助观测场土壤生物监测长期采样地（空白）

表 4－41　辅助观测场土壤生物监测长期采样地（空白）大豆收获期植株性状

年份	作物品种	考种调查株数（株）	群体株高（cm）	茎粗（cm）	单株荚数	每荚粒数（粒）	百粒重（g）
2004	黑农 35	10	76.0	0.6	38.0	2.2	17.20
2004	黑农 35	10	73.0	0.7	35.0	2.3	17.60
2004	黑农 35	10	74.0	0.7	37.0	2.5	17.30
2004	黑农 35	10	77.0	0.8	43.0	2.4	17.70
2006	黑农 35	10	78.2	0.4	39.3	2.2	15.46
2006	黑农 35	10	76.4	0.4	38.4	2.0	15.45
2006	黑农 35	10	73.3	0.4	36.2	1.9	16.20
2006	黑农 35	10	75.7	0.3	34.3	2.0	16.33
2006	黑农 35	10	79.2	0.4	33.9	2.0	15.52
2008	黑农 35	10	83.5	0.5	39.6	2.6	15.54
2008	黑农 35	10	78.0	0.7	38.8	2.3	15.85
2008	黑农 35	10	76.2	0.5	36.2	2.0	16.28
2008	黑农 35	10	83.8	0.6	34.4	2.2	16.66
2008	黑农 35	10	83.5	0.4	34.1	2.2	15.91
2008	黑农 35	10	85.1	0.9	36.0	2.5	16.72

表 4－42　辅助观测场土训生物监测长期采样地（空白）玉米收获期植株性状

年份	作物品种	群体株高（cm）	结穗高度（cm）	茎粗（cm）	空秆率（%）	果穗长度（cm）	果穗结实长度（cm）	穗粗（cm）	穗行数	行粒数	百粒重（g）
2005	海玉 6	187	132	5.0	0.0	1.5	22.9	21.9	5.0	14.3	33.2
2005	海玉 6	205	136	5.0	0.0	1.7	22.8	21.5	5.0	14.4	37.3
2005	海玉 6	203	130	5.0	0.0	1.6	21.7	21.1	5.0	16.6	42.3
2005	海玉 6	210	130	5.0	0.0	1.7	22.0	20.5	5.0	14.7	47.8
2005	海玉 6	185	133	5.0	0.0	2.0	24.5	22.4	5.0	18.2	47.6
2005	海玉 6	192	120	5.0	0.0	1.8	24.4	22.6	5.0	15.0	44.3
2007	海玉 6	191	98	1.9	0.0	20.0	18.2	5.0	13.2	38.9	32.33
2007	海玉 6	172	96	1.8	0.0	22.3	20.8	5.0	13.3	41.5	31.29
2007	海玉 6	193	100	1.7	0.0	21.0	19.9	5.0	14.3	40.2	29.11
2007	海玉 6	182	87	1.6	0.0	22.2	21.2	5.0	13.2	48.8	30.46
2007	海玉 6	183	92	1.6	0.0	20.2	18.8	5.0	17.2	46.7	28.11
2007	海玉 6	182	90	1.6	0.0	21.0	20.1	5.0	14.3	43.2	31.8

4.1.10.3 辅助观测场土壤生物监测长期采样地（秸秆还田）

表 4-43 辅助观测场土壤生物监测长期采样地（秸秆还田）大豆收获期植株性状

年份	作物品种	考种调查株数（株）	群体株高（cm）	茎粗（cm）	单株荚数	每荚粒数（粒）	百粒重（g）
2004	黑农 35	10	92.0	0.8	39.0	2.4	17.70
2004	黑农 35	10	88.0	0.9	44.0	2.3	17.60
2004	黑农 35	10	85.0	0.8	47.0	2.6	17.50
2004	黑农 35	10	87.0	0.8	43.0	2.5	17.70
2006	黑农 35	10	88.3	0.5	40.4	2.4	16.60
2006	黑农 35	10	89.2	0.4	41.5	2.3	16.13
2006	黑农 35	10	86.9	0.5	44.6	2.2	15.20
2006	黑农 35	10	85.4	0.6	45.8	2.3	16.51
2006	黑农 35	10	83.3	0.6	46.4	2.2	15.58
2008	黑农 35	10	94.7	0.8	40.7	2.4	17.02
2008	黑农 35	10	93.8	0.7	41.5	2.6	16.27
2008	黑农 35	10	87.5	0.9	44.9	2.3	15.49
2008	黑农 35	10	91.5	0.8	46.1	2.4	16.87
2008	黑农 35	10	87.5	0.8	46.4	2.3	15.59
2008	黑农 35	10	90.9	0.7	43.3	2.4	16.09

表 4-44 辅助观测场土壤生物监测长期采样地（秸秆还田）玉米收获期植株性状

年份	作物品种	群体株高（cm）	结穗高度（cm）	茎粗（cm）	空秆率（%）	果穗长度（cm）	果穗结实长度（cm）	穗粗（cm）	穗行数	行粒数	百粒重（g）
2005	海玉 6	245	140	5.0	0.0	2.2	24.4	21.6	5.0	16.6	45.7
2005	海玉 6	233	145	5.0	0.0	2.0	20.2	20.5	5.0	14.9	37.9
2005	海玉 6	250	160	5.0	0.0	2.1	21.5	20.9	5.0	16.1	41.0
2005	海玉 6	248	130	5.0	0.0	2.3	23.2	21.5	5.0	16.5	39.2
2005	海玉 6	240	144	5.0	0.0	2.0	23.1	22.5	5.0	18.2	39.3
2005	海玉 6	260	133	5.0	0.0	2.1	22.9	20.1	5.0	16.4	46.5
2007	海玉 6	208	106	2.0	0.0	20.1	18.1	5.0	17.1	40.2	29.43
2007	海玉 6	214	112	2.1	0.0	21.3	20.1	5.0	16.8	39.8	31.44
2007	海玉 6	224	121	2.2	0.0	22.2	21.3	5.0	17.4	40.8	32.48
2007	海玉 6	231	121	2.3	0.0	24.3	22.8	5.0	18.8	42.7	38.42
2007	海玉 6	241	129	2.4	0.0	23.2	21.4	5.0	18.5	41.8	36.58
2007	海玉 6	216	114	2.1	0.0	22.8	20.9	5.0	17.4	41.9	35.49

4.1.11 作物收获期测产

4.1.11.1 综合观测场

表 4-45 综合观测场作物收获期测产

作物名称：小麦　　作物品种：龙麦 26

年份	群体株高（cm）	密度（株或穴/m²）	穗数（穗/m²）	地上部总干重（g/m²）	产量（g/m²）
2005	100.0	556	558.0	998.24	405.04
2005	92.0	543	547.0	1049.43	428.47
2005	85.0	562	569.0	1180.41	411.34
2005	95.0	553	556.0	1085.19	430.19
2005	96.5	549	548.0	1191.88	423.79
2005	92.5	566	563.0	1212.17	525.39

表 4-46 综合观测场作物收获期测产

年份	作物名称	作物品种	样方号	样方面积 (m×m)	群体株高 (cm)	穗数 (穗/m²)	地上部总干重 (g/m²)	产量 (g/m²)
2005	玉米	海玉 6	G	2.8×1.4	195.0	5.0	1 121.35	884.50
2005	玉米	海玉 6	C	2.8×1.4	229.0	5.0	1 192.20	812.50
2005	玉米	海玉 6	E	2.8×1.4	224.0	5.0	1 615.80	1 077.50
2005	玉米	海玉 6	J	2.8×1.4	248.0	5.0	1 013.40	598.50
2005	玉米	海玉 6	N	2.8×1.4	235.0	5.0	1 143.50	696.00
2005	玉米	海玉 6	L	2.8×1.4	210.0	5.0	1 337.05	949.50
2006	大豆	黑农 35	1	1.43×0.7	85.1	—	796.20	371.4
2006	大豆	海玉 6	2	1.43×0.7	82.6	—	1 016.20	461.1
2006	大豆	海玉 6	3	1.43×0.7	81.9	—	697.40	388.3
2006	大豆	海玉 6	4	1.43×0.7	82.6	—	929.60	393.5
2006	大豆	海玉 6	5	1.43×0.7	83.7	—	876.70	385.7
2007	玉米	海玉 6	1	1.43×1.4	207.0	5.0	1 436.25	747.0
2007	玉米	海玉 6	2	1.43×1.4	234.4	5.0	2 048.00	764.0
2007	玉米	海玉 6	3	1.43×1.4	219.0	5.0	1 729.65	723.0
2007	玉米	海玉 6	4	1.43×1.4	221.5	5.0	1 719.60	724.0
2007	玉米	海玉 6	5	1.43×1.4	209.0	5.0	1 813.70	698.0
2008	大豆	海玉 6	1	1.43×1.4	83.9	—	542.50	253.0
2008	大豆	海玉 6	2	1.43×1.4	76.3	—	532.50	251.0
2008	大豆	海玉 6	3	1.43×1.4	71.1	—	502.50	242.0
2008	大豆	海玉 6	4	1.43×1.4	83.9	—	518.60	234.0
2008	大豆	海玉 6	5	1.43×1.4	67.0	—	523.50	247.0

4.1.11.2 辅助观测场土壤生物监测长期采样地（空白）

表 4-47 辅助观测场土壤生物监测长期采样地（空白）作物收获期测产

年份	作物名称	作物品种	样方号	样方面积 (m×m)	群体株高 (cm)	地上部总干重 (g/m²)	产量 (g/m²)
2005	玉米	海玉 6	G	2.8×1.4	195.0	1 029.75	854.75
2005	玉米	海玉 6	C	2.8×1.4	229.0	925.00	646.00
2005	玉米	海玉 6	E	2.8×1.4	224.0	1 105.45	661.50
2005	玉米	海玉 6	J	2.8×1.4	248.0	844.45	528.00
2005	玉米	海玉 6	N	2.8×1.4	235.0	1 106.65	700.50
2005	玉米	海玉 6	L	2.8×1.4	210.0	1 025.00	697.85
2006	大豆	黑农 35	1	1.43×0.7	78.2	546.40	275.6
2006	大豆	海玉 6	2	1.43×0.7	76.4	545.50	260.0
2006	大豆	海玉 6	3	1.43×0.7	73.3	661.90	339.7
2006	大豆	海玉 6	4	1.43×0.7	75.7	576.20	281.4
2006	大豆	海玉 6	5	1.43×0.7	79.2	581.60	265.1
2007	玉米	海玉 6	1	1.43×1.4	191.0	1 586.75	623.0
2007	玉米	海玉 6	2	1.43×1.4	172.1	1 900.20	618.0
2007	玉米	海玉 6	3	1.43×1.4	193.0	1 769.20	643.0
2007	玉米	海玉 6	4	1.43×1.4	182.6	1 980.85	619.0
2007	玉米	海玉 6	5	1.43×1.4	183.0	1 442.25	609.0
2008	大豆	海玉 6	1	1.43×1.4	89.4	480.50	232.0
2008	大豆	海玉 6	2	1.43×1.4	89.5	477.50	228.0
2008	大豆	海玉 6	3	1.43×1.4	65.7	467.50	219.0
2008	大豆	海玉 6	4	1.43×1.4	83.0	469.60	224.0
2008	大豆	海玉 6	5	1.43×1.4	76.3	458.70	216.0

4.1.11.3 辅助观测场土壤生物监测长期采样地（秸秆还田）

表 4-48 辅助观测场土壤生物监测长期采样地（秸秆还田）作物收获期测产

年份	作物名称	作物品种	样方号	样方面积 (m×m)	群体株高 (cm)	地上部总干重 (g/m²)	产量 (g/m²)
2005	玉米	海玉 6	G	2.8×1.4	245.0	1 261.25	623.1
2005	玉米	海玉 6	C	2.8×1.4	233.0	1 205.50	605.3
2005	玉米	海玉 6	E	2.8×1.4	250.0	1 063.35	620.6
2005	玉米	海玉 6	J	2.8×1.4	248.0	1 427.05	676.9
2005	玉米	海玉 6	N	2.8×1.4	240.0	1 121.35	683.8
2005	玉米	海玉 6	L	2.8×1.4	260.0	1 192.20	718.9
2006	大豆	黑农 35	1	1.43×0.7	88.3	867.90	429.9
2006	大豆	海玉 6	2	1.43×0.7	89.2	955.60	466.5
2006	大豆	海玉 6	3	1.43×0.7	86.9	862.30	469.5
2006	大豆	海玉 6	4	1.43×0.7	85.4	843.50	458.3
2006	大豆	海玉 6	5	1.43×0.7	83.3	892.10	470.7
2007	玉米	海玉 6	1	1.43×1.4	208.0	1 674.40	728.0
2007	玉米	海玉 6	2	1.43×1.4	214.0	1 631.30	736.0
2007	玉米	海玉 6	3	1.43×1.4	224.2	1 380.70	715.0
2007	玉米	海玉 6	4	1.43×1.4	231.0	1 341.00	726.0
2007	玉米	海玉 6	5	1.43×1.4	241.0	1 766.70	718.0
2008	大豆	海玉 6	1	1.43×1.4	72.9	500.30	239.0
2008	大豆	海玉 6	2	1.43×1.4	72.3	532.50	244.0
2008	大豆	海玉 6	3	1.43×1.4	80.2	477.50	235.0
2008	大豆	海玉 6	4	1.43×1.4	77.9	513.40	234.0
2008	大豆	海玉 6	5	1.43×1.4	73.5	526.70	252.0

4.1.11.4 胜利村站区 76 号地调查点土壤生物采样地

表 4-49 胜利村站区 76 号地调查点土壤生物采样地作物收获期测产

年份	作物名称	作物品种	样方号	样方面积 (m×m)	群体株高 (cm)	地上部总干重 (g/m²)	产量 (g/m²)
2006	玉米	海玉 6	1	1.43×0.7	206.1	1 268.94	689.5
2006	玉米	海玉 6	2	1.43×0.7	212.5	1 346.88	676.2
2006	玉米	海玉 6	3	1.43×0.7	232.4	1 225.21	692.1
2006	玉米	海玉 6	4	1.43×0.7	238.6	1 106.84	664.3
2006	玉米	海玉 6	5	1.43×0.7	216.9	1 156.49	676.5
2007	玉米	海玉 6	1	1.43×1.4	208.0	2 081.55	748.0
2007	玉米	海玉 6	2	1.43×1.4	214.8	1 773.75	716.0
2007	玉米	海玉 6	3	1.43×1.4	226.0	1 474.70	728.0
2007	玉米	海玉 6	4	1.43×1.4	231.0	1 954.90	758.0
2007	玉米	海玉 6	5	1.43×1.4	208.4	1 913.15	729.0
2007	大豆	黑农 35	1	1.43×0.7	73.4	457.49	192.0
2007	大豆	黑农 35	2	1.43×0.7	76.9	443.54	193.0
2007	大豆	黑农 35	3	1.43×0.7	78.4	448.80	176.0
2007	大豆	黑农 35	4	1.43×0.7	75.3	439.07	184.0
2007	大豆	黑农 35	5	1.43×0.7	76.1	463.34	193.0

（续）

年份	作物名称	作物品种	样方号	样方面积（m×m）	群体株高（cm）	地上部总干重（g/m²）	产量（g/m²）
2008	大豆	黑农 35	1	1.43×1.4	87.0	567.60	268.0
2008	大豆	黑农 35	2	1.43×1.4	68.7	558.40	254.0
2008	大豆	黑农 35	3	1.43×1.4	91.8	543.90	272.0
2008	大豆	黑农 35	4	1.43×1.4	74.6	571.60	246.0
2008	大豆	黑农 35	5	1.43×1.4	81.2	567.40	251.0
2008	玉米	海玉 6	1	1.43×1.4	211.7	1 159.32	595.0
2008	玉米	海玉 6	2	1.43×1.4	183.4	1 243.45	509.0
2008	玉米	海玉 6	3	1.43×1.4	191.5	1 106.93	542.0
2008	玉米	海玉 6	4	1.43×1.4	218.3	1 026.52	622.0
2008	玉米	海玉 6	5	1.43×1.4	195.6	1 025.37	512.0

4.1.11.5　胜利村站区 67 号地调查点土壤生物采样地

表 4－50　胜利村站区 67 号地调查点土壤生物采样地作物收获期测产

年份	作物名称	作物品种	样方号	样方面积（m×m）	群体株高（cm）	地上部总干重（g/m²）	产量（g/m²）
2006	大豆	黑农 35	1	1.43×0.7	84.4	913.40	451.6
2006	大豆	黑农 35	2	1.43×0.7	86.7	922.70	448.9
2006	大豆	黑农 35	3	1.43×0.7	92.5	953.40	447.4
2006	大豆	黑农 35	4	1.43×0.7	90.4	892.10	483.5
2006	大豆	黑农 35	5	1.43×0.7	99.1	884.80	475.6
2006	玉米	海玉 6	1	1.43×0.7	198.6	1 322.14	6 672.3
2006	玉米	海玉 6	2	1.43×0.7	213.9	1 278.56	6 543.2
2006	玉米	海玉 6	3	1.43×0.7	256.3	1 344.59	6 762.5
2006	玉米	海玉 6	4	1.43×0.7	231.4	1 432.11	6 867.3
2006	玉米	海玉 6	5	1.43×0.7	209.8	1 245.55	6 769.8
2007	大豆	黑农 35	1	1.43×1.4	84.4	450.86	191.0
2007	大豆	黑农 35	2	1.43×1.4	88.9	532.45	202.0
2007	大豆	黑农 35	3	1.43×1.4	82.3	534.33	188.0
2007	大豆	黑农 35	4	1.43×1.4	85.4	437.44	192.0
2007	大豆	黑农 35	5	1.43×1.4	86.9	419.02	189.0
2007	玉米	海玉 6	1	1.43×1.4	206.1	1 667.90	747.0
2007	玉米	海玉 6	2	1.43×1.4	213.5	1 543.00	714.0
2007	玉米	海玉 6	3	1.43×1.4	232.4	1 901.95	743.0
2007	玉米	海玉 6	4	1.43×1.4	235.6	1 641.65	715.0
2007	玉米	海玉 6	5	1.43×1.4	221.9	2 325.95	754.0
2008	大豆	黑农 35	1	1.43×1.4	93	546.90	254.0
2008	大豆	黑农 35	2	1.43×1.4	63.4	568.70	262.0
2008	大豆	黑农 35	3	1.43×1.4	75.1	559.40	288.0
2008	大豆	黑农 35	4	1.43×1.4	76.7	583.40	273.0
2008	大豆	黑农 35	5	1.43×1.4	75.5	541.20	269.0
2008	玉米	海玉 6	1	1.43×1.4	176.8	1 245.68	562.0
2008	玉米	海玉 6	2	1.43×1.4	172.5	1 037.35	461.0
2008	玉米	海玉 6	3	1.43×1.4	181.4	1 212.44	557.0
2008	玉米	海玉 6	4	1.43×1.4	192.3	1 238.39	550.0
2008	玉米	海玉 6	5	1.43×1.4	195.4	1 346.47	571.0

4.1.11.6 光荣村小流域站区调查点土壤生物采样地

表 4-51 光荣村小流域站区调查点土壤生物采样地作物收获期测产

年份	作物名称	作物品种	样方号	样方面积 (m×m)	群体株高 (cm)	地上部总干重 (g/m^2)	产量 (g/m^2)
2006	大豆	黑农 35	1	1.43×0.7	78.4	526.70	403.5
2006	大豆	黑农 35	2	1.43×0.7	76.2	633.70	426.5
2006	大豆	黑农 35	3	1.43×0.7	77.3	652.30	415.7
2006	大豆	黑农 35	4	1.43×0.7	80.4	664.70	392.6
2006	大豆	黑农 35	5	1.43×0.7	81.5	712.40	387.5
2007	玉米	海玉 6	1	1.43×1.4	212.4	1 734.31	768.0
2007	玉米	海玉 6	2	1.43×1.4	208.1	1 765.06	735.0
2007	玉米	海玉 6	3	1.43×1.4	193.4	1 783.42	715.0
2007	玉米	海玉 6	4	1.43×1.4	182.5	1 858.96	764.0
2007	玉米	海玉 6	5	1.43×1.4	181.4	1 776.77	727.0
2008	大豆	黑农 35	1	1.43×1.4	73.6	453.80	242.0
2008	大豆	黑农 35	2	1.43×1.4	68.5	426.70	235.0
2008	大豆	黑农 35	3	1.43×1.4	87.9	437.50	230.0
2008	大豆	黑农 35	4	1.43×1.4	74	464.20	251.0
2008	大豆	黑农 35	5	1.43×1.4	81.3	483.90	255.0

4.1.12 农田作物矿质元素含量与能值

4.1.12.1 综合观测场

表 4-52 综合观测场农田作物矿质元素含量与能值

调查年份	作物	采样部位	全碳 (g/kg)	全氮 (g/kg)	全磷 (g/kg)	全钾 (g/kg)	全硫 (g/kg)	全钙 (g/kg)	全镁 (g/kg)	全铁 (g/kg)	全锰 (mg/kg)	全铜 (mg/kg)	全锌 (mg/kg)	全钼 (mg/kg)	全硼 (mg/kg)	全硅 (g/kg)	热值 (kJ/g)
2001	大豆	茎	—	32.20	5.66	9.49	—	—	—	—	—	—	—	—	—	—	—
2001	大豆	茎	—	26.00	5.24	8.21	—	—	—	—	—	—	—	—	—	—	—
2001	大豆	叶	—	40.00	6.21	10.10	—	—	—	—	—	—	—	—	—	—	—
2001	大豆	叶	—	44.00	8.35	7.75	—	—	—	—	—	—	—	—	—	—	—
2001	大豆	叶	—	51.20	6.55	10.10	—	—	—	—	—	—	—	—	—	—	—
2001	大豆	茎	—	13.60	2.20	5.01	—	—	—	—	—	—	—	—	—	—	—
2001	大豆	茎	—	9.60	3.66	5.04	—	—	—	—	—	—	—	—	—	—	—
2001	大豆	茎	—	12.60	2.82	4.46	—	—	—	—	—	—	—	—	—	—	—
2001	大豆	叶	—	30.40	4.19	5.35	—	—	—	—	—	—	—	—	—	—	—
2001	大豆	叶	—	23.90	4.37	5.27	—	—	—	—	—	—	—	—	—	—	—
2001	大豆	叶	—	16.90	5.02	3.57	—	—	—	—	—	—	—	—	—	—	—
2001	大豆	荚	—	27.30	6.90	6.79	—	—	—	—	—	—	—	—	—	—	—
2001	大豆	茎	—	13.40	1.95	3.69	—	—	—	—	—	—	—	—	—	—	—
2001	大豆	茎	—	14.20	2.76	3.04	—	—	—	—	—	—	—	—	—	—	—
2001	大豆	茎	—	15.10	2.21	2.44	—	—	—	—	—	—	—	—	—	—	—
2001	大豆	叶	—	20.50	4.56	3.33	—	—	—	—	—	—	—	—	—	—	—
2001	大豆	叶	—	34.60	4.56	2.97	—	—	—	—	—	—	—	—	—	—	—
2001	大豆	叶	—	29.20	4.50	2.24	—	—	—	—	—	—	—	—	—	—	—
2001	大豆	荚	—	24.90	6.36	5.10	—	—	—	—	—	—	—	—	—	—	—

（续）

调查年份	作物	采样部位	全碳 (g/kg)	全氮 (g/kg)	全磷 (g/kg)	全钾 (g/kg)	全硫 (g/kg)	全钙 (g/kg)	全镁 (g/kg)	全铁 (g/kg)	全锰 (mg/kg)	全铜 (mg/kg)	全锌 (mg/kg)	全钼 (mg/kg)	全硼 (mg/kg)	全硅 (g/kg)	热值 (kJ/g)
2001	大豆	荚	—	23.90	3.90	3.58	—	—	—	—	—	—	—	—	—	—	—
2001	大豆	荚	—	22.70	3.75	3.23	—	—	—	—	—	—	—	—	—	—	—
2001	大豆	粒	—	63.20	9.12	6.90	—	—	—	—	—	—	—	—	—	—	—
2001	大豆	粒	—	63.00	8.80	6.57	—	—	—	—	—	—	—	—	—	—	—
2001	大豆	粒	—	63.70	6.66	5.09	—	—	—	—	—	—	—	—	—	—	—
2001	大豆	茎	—	12.30	1.88	2.52	—	—	—	—	—	—	—	—	—	—	—
2001	大豆	叶	—	18.80	3.97	1.16	—	—	—	—	—	—	—	—	—	—	—
2001	大豆	荚	—	18.10	3.34	2.91	—	—	—	—	—	—	—	—	—	—	—
2001	大豆	粒	—	64.50	7.65	5.06	—	—	—	—	—	—	—	—	—	—	—
2001	大豆	茎	—	3.40	2.45	1.35	—	—	—	—	—	—	—	—	—	—	—
2001	大豆	荚	—	9.60	3.09	2.24	—	—	—	—	—	—	—	—	—	—	—
2001	大豆	粒	—	71.50	8.20	5.08	—	—	—	—	—	—	—	—	—	—	—
2002	大豆	茎	—	32.20	5.66	9.49	—	—	—	—	—	—	—	—	—	—	—
2002	大豆	茎	—	26.00	5.24	8.21	—	—	—	—	—	—	—	—	—	—	—
2002	大豆	叶	—	40.00	6.21	10.10	—	—	—	—	—	—	—	—	—	—	—
2002	大豆	叶	—	44.00	8.35	7.75	—	—	—	—	—	—	—	—	—	—	—
2002	大豆	叶	—	51.20	6.55	10.10	—	—	—	—	—	—	—	—	—	—	—
2002	大豆	茎	—	13.60	2.20	5.01	—	—	—	—	—	—	—	—	—	—	—
2002	大豆	茎	—	9.60	3.66	5.04	—	—	—	—	—	—	—	—	—	—	—
2002	大豆	茎	—	12.60	2.82	4.46	—	—	—	—	—	—	—	—	—	—	—
2002	大豆	叶	—	30.40	4.19	5.35	—	—	—	—	—	—	—	—	—	—	—
2002	大豆	叶	—	23.90	4.37	5.27	—	—	—	—	—	—	—	—	—	—	—
2002	大豆	叶	—	16.90	5.02	3.57	—	—	—	—	—	—	—	—	—	—	—
2002	大豆	荚	—	27.30	6.90	6.79	—	—	—	—	—	—	—	—	—	—	—
2002	大豆	茎	—	13.40	1.95	3.69	—	—	—	—	—	—	—	—	—	—	—
2002	大豆	茎	—	14.20	2.76	3.04	—	—	—	—	—	—	—	—	—	—	—
2002	大豆	茎	—	15.10	2.21	2.44	—	—	—	—	—	—	—	—	—	—	—
2002	大豆	叶	—	20.50	4.56	3.33	—	—	—	—	—	—	—	—	—	—	—
2002	大豆	叶	—	34.60	4.56	2.97	—	—	—	—	—	—	—	—	—	—	—
2002	大豆	叶	—	29.20	4.50	2.24	—	—	—	—	—	—	—	—	—	—	—
2002	大豆	荚	—	24.90	6.36	5.10	—	—	—	—	—	—	—	—	—	—	—
2002	大豆	荚	—	23.90	3.90	3.58	—	—	—	—	—	—	—	—	—	—	—
2002	大豆	荚	—	22.70	3.75	3.23	—	—	—	—	—	—	—	—	—	—	—
2002	大豆	粒	—	63.20	9.12	6.90	—	—	—	—	—	—	—	—	—	—	—
2002	大豆	粒	—	63.00	8.80	6.57	—	—	—	—	—	—	—	—	—	—	—
2002	大豆	粒	—	63.70	6.66	5.09	—	—	—	—	—	—	—	—	—	—	—
2002	大豆	茎	—	12.30	1.88	2.52	—	—	—	—	—	—	—	—	—	—	—
2002	大豆	叶	—	18.80	3.97	1.16	—	—	—	—	—	—	—	—	—	—	—
2002	大豆	荚	—	18.10	3.34	2.91	—	—	—	—	—	—	—	—	—	—	—
2002	大豆	粒	—	64.50	7.65	5.06	—	—	—	—	—	—	—	—	—	—	—
2002	大豆	茎	—	3.40	2.45	1.35	—	—	—	—	—	—	—	—	—	—	—
2002	大豆	荚	—	9.60	3.09	2.24	—	—	—	—	—	—	—	—	—	—	—
2002	大豆	粒	—	71.50	8.20	5.08	—	—	—	—	—	—	—	—	—	—	—

（续）

调查年份	作物	采样部位	全碳 (g/kg)	全氮 (g/kg)	全磷 (g/kg)	全钾 (g/kg)	全硫 (g/kg)	全钙 (g/kg)	全镁 (g/kg)	全铁 (g/kg)	全锰 (mg/kg)	全铜 (mg/kg)	全锌 (mg/kg)	全钼 (mg/kg)	全硼 (mg/kg)	全硅 (g/kg)	热值 (kJ/g)
2003	玉米	茎	—	6.8	0.57	18.81	0.73	4.4	5.06	17	16.3	14.7	36.5	—	—	—	14.518
2003	玉米	茎	—	7	0.45	17.33	0.76	3.6	4.96	15	16.8	15.4	36.1	—	—	—	14.94
2003	玉米	茎	—	7.3	0.45	19.42	0.77	4.43	4.99	17	16.7	13.3	37.6	—	—	—	15.191
2003	玉米	茎	—	7.7	0.59	19.76	0.6	3.97	4.86	16	16.4	14.6	38.4	—	—	—	14.59
2003	玉米	茎	—	7.2	0.54	17.33	0.64	3.63	4.94	15	15.1	13.5	36.8	—	—	—	15.911
2003	玉米	茎	—	7.8	0.49	19.98	0.65	4.96	5.03	16	17.1	13.4	37.8	—	—	—	16.492
2003	玉米	茎	—	7.2	0.43	18.17	0.68	4.92	5.06	15	15.7	15.4	36.2	—	—	—	15.547
2003	玉米	茎	—	8.1	0.59	16.4	0.7	4.34	5.06	15	17.8	13	37	—	—	—	15.88
2003	玉米	茎	—	7.3	0.44	16.93	0.62	3.6	5.04	16	15.8	13.7	39.2	—	—	—	15.605
2003	玉米	茎	—	7.5	0.46	16.83	0.7	5.11	4.86	16	16.2	14.7	38	—	—	—	15.274
2003	玉米	叶	—	9.7	0.98	10.9	0.96	14.21	3.2	57	101.9	36.1	58.7	—	—	—	14.36
2003	玉米	叶	—	9.6	0.94	9.27	0.84	15.05	3.18	58	97.6	35.6	59.3	—	—	—	14.873
2003	玉米	叶	—	8.9	0.91	10.83	0.76	15.14	3.06	58	97.8	34.2	58.9	—	—	—	15.731
2003	玉米	叶	—	9.3	0.95	11.2	0.99	13.71	3.03	59	114.2	37.5	58.5	—	—	—	16.609
2003	玉米	叶	—	9.5	0.97	11.06	0.81	13.77	3.1	59	103.4	36.2	59.4	—	—	—	14.23
2003	玉米	叶	—	9.8	0.96	9.21	0.9	15.2	3.22	57	107.2	34.1	61.7	—	—	—	16.516
2003	玉米	叶	—	9.7	0.97	9.4	0.86	14.22	3.09	56	113.3	34.2	59.3	—	—	—	16.522
2003	玉米	叶	—	9.9	0.9	9.49	0.86	13.9	3.24	57	113.9	34	60.8	—	—	—	16.55
2003	玉米	叶	—	8.6	0.93	10.09	0.85	13.57	3.23	59	116	36.7	58.7	—	—	—	14.09
2003	玉米	叶	—	9.5	0.94	11.45	0.99	13.35	3.15	58	109.4	34.7	62.6	—	—	—	16.221
2003	玉米	籽粒	—	12.2	3.39	3.12	1.2	1.01	0.668	6	3.4	6.6	39.3	—	—	—	17.413
2003	玉米	籽粒	—	12.5	3.8	3.56	1.13	0.9	0.664	6	3.8	6.1	40	—	—	—	17.396
2003	玉米	籽粒	—	14.2	3.35	3.66	1.28	0.98	0.678	6	2.9	5.1	42.5	—	—	—	17.52
2003	玉米	籽粒	—	15.2	3.46	3.19	1.19	1.07	0.695	6	3.5	5.4	42.3	—	—	—	17.854
2003	玉米	籽粒	—	14.8	3.29	3.53	1.27	1.03	0.682	6	2.6	6.5	40.7	—	—	—	17.764
2003	玉米	籽粒	—	15.6	3.42	3.52	1.18	0.91	0.689	6	3.9	7.1	41.6	—	—	—	16.517
2003	玉米	籽粒	—	15.2	3.65	3.5	1.21	0.95	0.67	6	4.1	6.8	41	—	—	—	17.899
2003	玉米	籽粒	—	15.7	3.97	3.13	1.2	0.98	0.677	6	3.3	5.2	39.1	—	—	—	17.892
2003	玉米	籽粒	—	15.7	3.76	3.8	1.13	0.89	0.667	5	4.1	5.6	40.6	—	—	—	17.282
2003	玉米	籽粒	—	15.6	3.51	3.91	1.25	0.91	0.68	5	4.1	5.3	39.4	—	—	—	17.829
2003	玉米	雄穗	—	7.4	1.4	5.6	1.17	7.14	2.26	50	67	15	70.7	—	—	—	16.149
2003	玉米	雄穗	—	7.3	1.3	4.3	1.03	7.13	2.35	49	64.7	15.2	71.8	—	—	—	17.138
2003	玉米	雄穗	—	7.5	1.2	2.7	1.17	7.27	2.23	50	70	15.6	71	—	—	—	16.495
2003	玉米	雄穗	—	7.5	0.9	5.5	1.15	7.23	2.2	50	66.9	14.8	72.1	—	—	—	17.233
2003	玉米	雄穗	—	7.9	1.1	3.1	1.06	7.28	2.26	50	72	15	72	—	—	—	16.395
2003	玉米	雄穗	—	7.5	0.8	5.7	1.1	7.25	2.24	48	63.8	15.3	70.9	—	—	—	17.203
2003	玉米	雄穗	—	7.3	1.4	3.1	1.14	7.29	2.24	49	72.9	15.9	70.1	—	—	—	17.843
2003	玉米	雄穗	—	7.5	1.4	6.2	1.12	7.19	2.22	50	71.7	14.9	72.5	—	—	—	16.457
2003	玉米	雄穗	—	7.3	1	3.4	0.99	7.21	2.37	50	64.7	15	71.3	—	—	—	17.549
2003	玉米	雄穗	—	7.9	0.8	2.8	1.06	7.21	2.28	50	66.8	15.1	69.4	—	—	—	13.901
2003	玉米	穗轴	—	4.8	0.4	9	0.55	1.03	0.42	18	7	14.8	45.6	—	—	—	12.904
2003	玉米	穗轴	—	4.5	0.4	7.3	0.65	0.93	0.26	17	6.6	14.7	42	—	—	—	12.866
2003	玉米	穗轴	—	4.7	0.6	8.4	0.56	1.05	0.38	18	5.6	14.6	43.3	—	—	—	12.172

（续）

调查年份	作物	采样部位	全碳 (g/kg)	全氮 (g/kg)	全磷 (g/kg)	全钾 (g/kg)	全硫 (g/kg)	全钙 (g/kg)	全镁 (g/kg)	全铁 (g/kg)	全锰 (mg/kg)	全铜 (mg/kg)	全锌 (mg/kg)	全钼 (mg/kg)	全硼 (mg/kg)	全硅 (g/kg)	热值 (kJ/g)
2003	玉米	穗轴	—	4.2	0.3	7.9	0.59	1.17	0.22	16	6.8	12.3	45	—	—	—	13.015
2003	玉米	穗轴	—	4.6	0.5	8.1	0.59	0.94	0.23	16	6.1	12.5	45.7	—	—	—	13.987
2003	玉米	穗轴	—	4.7	0.7	8	0.76	1	0.37	15	6.9	14.3	45.5	—	—	—	12.548
2003	玉米	穗轴	—	4.5	0.6	7.3	0.69	1.05	0.39	17	6.8	14.1	44.1	—	—	—	12.412
2003	玉米	穗轴	—	4.2	0.6	8	0.74	1.14	0.4	15	7.5	12.7	45.5	—	—	—	13.653
2003	玉米	穗轴	—	4.2	0.5	7.8	0.69	1.11	0.37	17	6	13.3	44.5	—	—	—	13.794
2003	玉米	穗轴	—	4.4	0.4	8.8	0.63	1.01	0.22	16	5.4	13.3	41.1	—	—	—	12.836
2003	玉米	苞叶	—	5.4	0.4	6.9	0.57	3.16	1.52	32	20.3	13.9	50.1	—	—	—	13.3
2003	玉米	苞叶	—	4.7	0.6	7	0.67	3.13	1.59	29	23.6	13	50.9	—	—	—	13.414
2003	玉米	苞叶	—	4.1	0.4	7.6	0.71	3.07	1.56	28	23.2	14	47.1	—	—	—	13.548
2003	玉米	苞叶	—	4.5	0.5	7.5	0.59	3.33	1.47	30	23.9	12.8	48.6	—	—	—	12.789
2003	玉米	苞叶	—	4.2	0.4	6.5	0.55	3.07	1.47	31	21.7	12.7	51	—	—	—	12.498
2003	玉米	苞叶	—	4.3	0.7	8.1	0.64	3.1	1.48	30	23.3	14	50	—	—	—	13.726
2003	玉米	苞叶	—	5.1	0.5	6.8	0.57	3.06	1.51	32	24.1	13.7	48.1	—	—	—	12.631
2003	玉米	苞叶	—	5.1	0.5	8.1	0.6	3.28	1.52	29	23.2	13.6	50.2	—	—	—	13.506
2003	玉米	苞叶	—	4.2	0.3	7.7	0.7	3.12	1.51	31	20.8	12.3	48.7	—	—	—	13.238
2004	大豆	根	—	11.20	1.14	5.54	—	1.32	1.56	1.16	62.871	30.453	82.454	—	17.495	—	10.98
2004	大豆	根	—	11.08	1.55	6.37	—	1.27	1.48	1.20	65.763	34.014	83.460	—	19.626	—	9.82
2004	大豆	根	—	11.16	1.73	5.79	—	1.58	1.69	1.17	59.967	33.456	82.450	—	18.135	—	11.63
2004	大豆	根	—	10.97	1.30	5.98	—	1.46	1.82	1.04	67.314	30.764	79.838	—	18.464	—	11.54
2004	大豆	茎	—	13.43	1.50	6.82	—	0.50	0.73	0.70	43.635	35.941	25.090	—	30.173	—	8.71
2004	大豆	茎	—	15.68	1.68	6.95	—	0.49	0.82	0.64	42.078	34.693	24.557	—	29.112	—	8.92
2004	大豆	茎	—	14.11	1.34	6.79	—	0.52	0.69	0.77	41.199	38.432	23.243	—	28.981	—	8.53
2004	大豆	茎	—	15.87	1.29	6.93	—	0.51	0.75	0.68	42.682	39.464	25.214	—	29.260	—	8.67
2004	大豆	叶	—	36.13	1.24	5.67	—	1.59	0.42	0.33	29.422	40.995	185.235	—	27.037	—	11.07
2004	大豆	叶	—	35.24	1.33	5.82	—	1.26	0.52	0.35	28.450	37.687	176.871	—	25.118	—	12.75
2004	大豆	叶	—	38.44	1.33	5.94	—	1.47	0.47	0.29	30.226	37.629	178.940	—	28.439	—	10.99
2004	大豆	叶	—	35.82	1.46	5.73	—	1.51	0.57	0.32	28.723	41.040	183.462	—	22.049	—	12.69
2005	玉米	根	428.38	9.75	0.70	5.97	0.52	5.63	3.28	0.83	44.841	4.247	9.939	0.180	3.657	39.70	17.31
2005	玉米	根	428.10	9.95	0.72	5.36	0.52	5.60	3.17	0.85	42.235	4.873	9.503	0.176	3.314	39.06	17.89
2005	玉米	根	427.49	10.42	0.70	5.77	0.56	5.50	3.18	0.79	42.231	4.623	9.710	0.182	3.147	35.39	18.20
2005	玉米	茎	439.29	10.51	3.10	3.43	0.58	1.68	1.49	0.05	4.498	4.998	20.059	0.071	1.729	5.93	16.50
2005	玉米	茎	432.60	12.59	3.09	3.34	0.56	1.80	1.50	0.04	4.125	5.375	20.935	0.078	2.843	5.28	17.32
2005	玉米	茎	433.83	10.54	3.05	3.29	0.51	1.85	1.48	0.04	3.998	5.122	20.034	0.072	2.026	5.40	16.52
2005	玉米	叶	408.65	7.28	0.90	7.18	0.77	8.90	7.45	0.26	80.178	5.370	18.342	0.276	26.316	21.11	12.71
2005	玉米	叶	409.35	6.81	0.86	7.29	0.75	8.95	7.85	0.29	80.198	5.996	17.119	0.346	29.132	20.86	12.47
2005	玉米	叶	410.70	6.89	0.81	7.35	0.79	9.80	7.24	0.25	82.621	5.750	18.764	0.337	25.689	21.36	11.53
2005	玉米	籽实	434.66	18.72	1.57	8.97	0.67	3.45	3.23	0.04	9.496	2.124	6.236	0.077	7.041	0.47	18.75
2005	玉米	籽实	426.33	18.41	1.88	9.55	0.70	3.10	3.10	0.05	9.124	1.750	7.420	0.092	6.178	0.49	18.26
2005	玉米	籽实	425.77	17.82	1.69	9.56	0.69	3.65	3.29	0.04	8.240	1.998	6.078	0.106	7.270	0.51	18.39
2006	大豆	根	437.41	9.69	0.87	3.46	—	—	—	—	—	—	—	—	—	—	11.46
2006	大豆	根	444.12	9.73	1.01	3.51	—	—	—	—	—	—	—	—	—	—	12.55
2006	大豆	根	427.59	9.82	0.98	3.53	—	—	—	—	—	—	—	—	—	—	11.52

（续）

调查年份	作物	采样部位	全碳(g/kg)	全氮(g/kg)	全磷(g/kg)	全钾(g/kg)	全硫(g/kg)	全钙(g/kg)	全镁(g/kg)	全铁(g/kg)	全锰(mg/kg)	全铜(mg/kg)	全锌(mg/kg)	全钼(mg/kg)	全硼(mg/kg)	全硅(g/kg)	热值(kJ/g)
2006	大豆	茎	439.68	10.26	1.35	8.24	—	—	—	—	—	—	—	—	—	—	9.87
2006	大豆	茎	448.52	10.37	1.38	7.95	—	—	—	—	—	—	—	—	—	—	10.06
2006	大豆	茎	446.94	10.57	1.42	8.13	—	—	—	—	—	—	—	—	—	—	8.49
2006	大豆	叶	416.82	30.44	1.38	5.95	—	—	—	—	—	—	—	—	—	—	12.23
2006	大豆	叶	418.95	30.59	1.41	6.04	—	—	—	—	—	—	—	—	—	—	13.25
2006	大豆	叶	419.27	32.69	1.42	6.03	—	—	—	—	—	—	—	—	—	—	12.27
2006	大豆	籽实	448.97	59.66	1.38	14.43	—	—	—	—	—	—	—	—	—	—	15.37
2006	大豆	籽实	459.67	60.35	1.42	14.35	—	—	—	—	—	—	—	—	—	—	16.28
2006	大豆	籽实	478.96	57.43	1.43	14.72	—	—	—	—	—	—	—	—	—	—	17.46
2007	玉米	根	439.26	9.26	0.59	6.03	—	—	—	—	—	—	—	—	—	—	18.43
2007	玉米	根	441.27	8.48	0.71	5.59	—	—	—	—	—	—	—	—	—	—	18.12
2007	玉米	根	436.27	9.39	0.82	5.84	—	—	—	—	—	—	—	—	—	—	18.35
2007	玉米	茎	442.42	9.14	3.26	3.42	—	—	—	—	—	—	—	—	—	—	16.42
2007	玉米	茎	431.15	9.20	3.29	3.37	—	—	—	—	—	—	—	—	—	—	17.35
2007	玉米	茎	129.26	8.88	4.01	3.46	—	—	—	—	—	—	—	—	—	—	17.26
2007	玉米	叶	391.59	5.00	0.92	8.02	—	—	—	—	—	—	—	—	—	—	13.42
2007	玉米	叶	398.11	4.94	0.97	8.07	—	—	—	—	—	—	—	—	—	—	13.17
2007	玉米	叶	405.57	5.19	1.01	7.96	—	—	—	—	—	—	—	—	—	—	12.54
2007	玉米	籽实	437.38	16.64	1.64	7.25	—	—	—	—	—	—	—	—	—	—	19.15
2007	玉米	籽实	453.39	17.28	1.92	8.36	—	—	—	—	—	—	—	—	—	—	19.47
2007	玉米	籽实	458.59	18.46	1.37	8.46	—	—	—	—	—	—	—	—	—	—	20.17
2008	大豆	根	484.14	11.01	1.00	3.71	3.35	4.35	2.92	0.82	66.394	21.559	53.957	0.371	22.895	23.95	10.78
2008	大豆	根	487.28	12.60	1.42	3.94	3.73	4.82	2.90	0.45	64.541	20.292	52.026	0.529	18.961	25.14	12.57
2008	大豆	根	499.41	16.29	1.24	3.47	3.61	3.93	3.08	0.92	57.821	19.722	53.379	0.443	20.048	25.61	12.67
2008	大豆	茎	436.70	15.39	1.95	8.46	8.49	6.17	1.41	0.61	37.510	24.389	36.083	0.391	28.640	2.06	9.26
2008	大豆	茎	447.02	14.05	1.24	7.94	8.66	6.30	2.42	0.55	36.885	25.813	33.602	0.471	27.024	1.72	9.49
2008	大豆	茎	542.54	10.61	1.78	8.22	8.81	5.96	1.83	0.24	34.480	25.436	36.384	0.247	28.872	1.68	8.84
2008	大豆	叶	442.20	34.86	1.60	4.63	0.89	1.14	0.05	0.44	27.766	37.703	87.235	0.011	23.622	1.39	11.67
2008	大豆	叶	473.47	37.46	1.42	4.94	1.06	0.83	1.07	0.38	31.006	39.430	89.827	0.025	24.930	1.19	15.37
2008	大豆	叶	468.97	27.35	1.84	5.57	0.77	1.27	0.26	0.68	30.227	39.292	83.501	0.042	21.583	1.42	11.82
2008	大豆	籽实	530.57	68.27	1.73	15.57	1.20	3.69	2.74	0.40	30.858	10.568	17.152	0.465	21.260	0.96	18.33
2008	大豆	籽实	537.99	58.08	1.71	15.62	1.19	3.47	2.64	0.25	32.792	11.709	18.870	0.348	17.031	0.61	17.53
2008	大豆	籽实	474.97	67.48	1.38	14.97	0.84	3.21	2.29	0.78	30.346	13.074	19.933	0.379	22.199	1.01	18.65

4.1.13 农田土壤微生物生物量碳季节动态

4.1.13.1 综合观测场

表 4-53 综合观测场农田土壤微生物生物量碳季节动态

日期	土壤含水量（%）	土壤微生物生物量碳（mg/kg）
2004-06-14	22.5	0.29
2004-06-14	21.8	0.38
2004-06-14	21.6	0.43
2004-06-14	20.4	0.48
2005-05-9	22.3	0.34
2005-05-9	21.5	0.32

（续）

日期	土壤含水量（%）	土壤微生物生物量碳（mg/kg）
2005-05-9	21.1	0.31
2005-05-9	20.7	0.36
2005-06-15	21.3	0.41
2005-06-15	21.5	0.39
2005-06-15	23.4	0.41
2005-06-15	22.7	0.43
2005-07-10	23.9	0.35
2005-07-10	22.8	0.32
2005-07-10	21.7	0.22
2005-07-10	23.3	0.39
2005-08-11	22.6	0.31
2005-08-11	23.8	0.34
2005-08-11	22.2	0.32
2005-08-11	20.1	0.33
2005-09-13	23.4	0.30
2005-09-13	22.3	0.34
2005-09-13	24.7	0.38
2005-09-13	25.0	0.32

4.1.13.2 辅助观测场土壤生物监测长期采样地（空白）

表 4-54 辅助观测场土壤生物监测长期采样地（空白）农田土壤微生物生物量碳季节动态

日期	土壤含水量（%）	土壤微生物生物量碳（mg/kg）
2004-06-14	22.9	0.22
2004-06-14	15.3	0.29
2004-06-14	18.7	0.28
2004-06-14	19.5	0.37
2005-05-9	20.0	0.26
2005-05-9	21.2	0.29
2005-05-9	20.4	0.25
2005-05-9	24.3	0.27
2005-06-15	23.7	0.36
2005-06-15	21.3	0.33
2005-06-15	22.6	0.29
2005-06-15	20.5	0.27
2005-07-10	22.9	0.41
2005-07-10	24.4	0.47
2005-07-10	23.2	0.52
2005-07-10	25.8	0.39
2005-08-11	22.6	0.51
2005-08-11	22.9	0.54
2005-08-11	25.0	0.49
2005-08-11	22.7	0.46
2005-09-13	23.3	0.23
2005-09-13	24.5	0.19
2005-09-13	24.6	0.29
2005-09-13	25.7	0.33

4.1.13.3 辅助观测场土壤生物监测长期采样地（秸秆还田）

表 4-55 辅助观测场土壤生物监测长期采样地（秸秆还田）农田土壤微生物生物量碳季节动态

日期	土壤含水量（%）	土壤微生物生物量碳（mg/kg）
2004-06-14	24.3	0.58
2004-06-14	23.1	0.48
2004-06-14	22.8	0.27
2004-06-14	24.0	0.43
2005-05-9	22.3	0.33
2005-05-9	20.5	0.37
2005-05-9	20.1	0.42
2005-05-9	21.7	0.44
2005-06-15	20.0	0.43
2005-06-15	19.7	0.39
2005-06-15	19.9	0.42
2005-06-15	20.4	0.38
2005-07-10	21.9	0.52
2005-07-10	19.8	0.48
2005-07-10	21.7	0.39
2005-07-10	19.3	0.33
2005-08-11	21.6	0.38
2005-08-11	21.8	0.37
2005-08-11	22.9	0.41
2005-08-11	20.7	0.47
2005-09-13	24.7	0.38
2005-09-13	23.9	0.39
2005-09-13	25.2	0.33
2005-09-13	26.4	0.35

4.1.13.4 胜利村站区 76 号地调查点土壤生物采样地

表 4-56 胜利村站区 76 号地调查点土壤生物采样地农田土壤微生物生物量碳季节动态

日期	土壤含水量（%）	土壤微生物生物量碳（mg/kg）
2005-05-9	23.3	0.43
2005-05-9	22.7	0.29
2005-05-9	22.4	0.18
2005-05-9	23.5	0.34
2005-06-15	20.9	0.26
2005-06-15	25.6	0.44
2005-06-15	22.3	0.54
2005-06-15	21.7	0.27
2005-07-10	24.9	0.33
2005-07-10	21.6	0.44
2005-07-10	22.3	0.54
2005-07-10	24.2	0.38
2005-08-11	21.5	0.52

（续）

日期	土壤含水量（%）	土壤微生物生物量碳（mg/kg）
2005-08-11	19.8	0.41
2005-08-11	20.2	0.39
2005-08-11	21.4	0.32
2005-09-13	24.1	0.26
2005-09-13	23.2	0.17
2005-09-13	24.4	0.43
2005-09-13	24.8	0.34

4.1.13.5　光荣村小流域站区调查点土壤生物采样地

表 4-57　光荣村小流域站区调查点土壤生物采样地农田土壤微生物生物量碳季节动态

日期	土壤含水量（%）	土壤微生物生物量碳（mg/kg）
2005-05-9	19.3	0.31
2005-05-9	21.4	0.30
2005-05-9	20.7	0.42
2005-05-9	21.5	0.33
2005-06-15	21.9	0.39
2005-06-15	22.6	0.42
2005-06-15	22.3	0.47
2005-06-15	23.7	0.48
2005-07-10	22.9	0.49
2005-07-10	21.6	0.59
2005-07-10	20.3	0.42
2005-07-10	20.2	0.46
2005-08-11	20.9	0.42
2005-08-11	21.8	0.44
2005-08-11	21.1	0.54
2005-08-11	20.4	0.36
2005-09-13	23.1	0.39
2005-09-13	23.2	0.27
2005-09-13	25.1	0.36
2005-09-13	23.9	0.31

4.2　土壤监测数据

4.2.1　土壤交换量

4.2.1.1　综合观测场

表 4-58　综合观测场土壤交换量

土壤类型：黑土　　母质：黄土

年份	作物	采样深度（cm）	交换性钙离子［mmol/kg（$1/2Ca^{2+}$）］	交换性镁离子［mmol/kg（$1/2Mg^{2+}$）］	交换性钾离子［mmol/kg（K^{+}）］	交换性钠离子［mmol/kg（Na^{+}）］	阳离子交换量［mmol/kg（+）］
2002	小麦	0～20	215	75	2.33	4.59	169.47
2002	小麦	20～40	165	105	2.27	4.27	168.11
2002	小麦	0～20	195	65	2.29	4.58	170.25
2002	小麦	20～40	175	120	2.26	4.64	172.52

（续）

年份	作物	采样深度（cm）	交换性钙离子［mmol/kg（1/2Ca^{2+}）］	交换性镁离子［mmol/kg（1/2Mg^{2+}）］	交换性钾离子［mmol/kg（K^{+}）］	交换性钠离子［mmol/kg（Na^{+}）］	阳离子交换量［mmol/kg（+）］
2002	小麦	0～20	201.0	71.0	2.33	4.15	154.36
2002	小麦	20～40	168.0	112.0	2.36	4.21	156.63
2002	小麦	0～20	188.0	68.0	2.11	4.51	167.98
2002	小麦	20～40	172.0	118.0	2.14	4.39	163.44
2002	小麦	0～20	218.0	66.0	2.29	4.39	163.44
2002	小麦	20～40	176.0	110.0	2.23	4.51	167.98
2002	小麦	0～20	210.0	72.0	2.23	4.09	152.09
2002	小麦	20～40	170.0	115.0	2.29	4.15	154.36
2002	小麦	0～20	235.0	65.0	2.80	4.00	133.11
2002	小麦	20～40	140.0	180.0	2.70	4.15	128.82
2002	小麦	0～20	220.0	70.0	2.65	3.89	130.85
2002	小麦	20～40	125.0	185.0	2.54	4.20	125.87
2003	玉米	0～20	289.0	79.0	4.3	4.2	506.0
2003	玉米	20～40	197.0	118.0	2.6	3.6	455.0
2003	玉米	0～20	264.0	75.0	4.3	4.4	515.0
2003	玉米	20～40	185.0	125.0	2.7	3.6	451.0
2003	玉米	0～20	271.0	77.0	4.4	4.1	509.0
2003	玉米	20～40	181.0	116.0	2.6	3.4	447.0
2003	玉米	0～20	248.0	81.0	4.3	4.1	512.0
2003	玉米	20～40	172.0	126.0	2.7	3.1	449.0
2003	玉米	0～20	257.0	82.0	4.4	4.3	513.0
2003	玉米	20～40	186.0	119.0	2.6	3.4	453.0
2003	玉米	0～20	255.0	76.0	4.4	4.3	508.0
2003	玉米	20～40	189.0	122.0	2.6	3.3	449.0
2005	玉米	0～20	250.1	76.9	5.08	3.54	351.2
2005	玉米	0～20	253.9	83.2	5.17	3.65	362.5
2005	玉米	0～20	241.1	88.6	5.09	3.66	351.6
2005	玉米	0～20	248.4	83.4	4.39	3.93	347.3
2005	玉米	0～20	255.1	81.7	4.69	3.83	354.2
2005	玉米	0～20	260.6	82.1	4.79	3.48	353.8
2005	玉米	0～20	241.4	82.1	4.87	3.55	350.8
2005	玉米	0～20	229.2	84.5	5.66	3.67	350.3
2005	玉米	0～20	230.9	81.7	5.87	3.90	346.0
2005	玉米	0～20	250.7	77.8	5.63	3.68	340.7
2005	玉米	0～20	240.6	78.3	6.01	3.72	341.2
2005	玉米	0～20	242.0	84.6	5.99	3.98	352.9
2005	玉米	0～20	253.2	80.5	4.84	3.61	347.3
2005	玉米	0～20	251.2	82.4	5.38	3.62	346.4
2005	玉米	0～20	246.5	80.0	5.49	3.53	348.8
2005	玉米	0～20	245.1	83.0	5.15	4.06	358.6
2005	玉米	0～20	248.4	83.0	5.05	3.61	346.4
2005	玉米	0～20	245.1	78.6	4.87	3.83	345.5

（续）

年份	作物	采样深度（cm）	交换性钙离子［mmol/kg（1/2Ca^{2+}）］	交换性镁离子［mmol/kg（1/2Mg^{2+}）］	交换性钾离子［mmol/kg（K^{+}）］	交换性钠离子［mmol/kg（Na^{+}）］	阳离子交换量［mmol/kg（+）］
2006	大豆	0～20	241.8	77.3	4.96	3.91	342.5
2006	大豆	0～20	249.6	80.1	5.12	3.84	348.6
2006	大豆	0～20	256.8	75.9	5.11	3.69	353.2
2006	大豆	0～20	237.6	82.1	5.03	3.64	341.3
2006	大豆	0～20	241.9	81.9	4.99	3.51	349.2
2006	大豆	0～20	248.9	83.2	5.08	3.79	351.9
2007	玉米	0～20	240.2	77.0	4.77	3.75	342.0
2007	玉米	0～20	246.2	80.8	5.27	3.55	342.9
2007	玉米	0～20	255.4	80.5	4.69	3.41	350.2
2007	玉米	0～20	236.3	86.8	4.99	3.59	348.0
2007	玉米	0～20	224.6	82.8	5.55	3.60	346.8
2007	玉米	0～20	235.8	76.7	5.89	3.65	337.7
2007	玉米	0～20	240.2	81.3	5.05	3.98	354.9
2007	玉米	0～20	236.6	80.5	4.77	3.48	347.2
2007	玉米	0～20	245.1	75.4	4.98	3.47	347.6
2007	玉米	0～20	226.3	80.1	5.75	3.82	342.4
2007	玉米	0～20	237.2	82.9	5.87	3.90	349.3
2007	玉米	0～20	243.4	81.3	4.95	3.54	342.9
2007	玉米	0～20	241.4	80.2	5.12	3.64	346.2
2007	玉米	0～20	248.8	81.5	5.07	3.58	358.8
2007	玉米	0～20	245.7	76.2	5.52	3.61	337.3
2007	玉米	0～20	250.0	80.1	4.60	3.75	350.6
2007	玉米	0～20	241.6	78.4	5.38	3.46	345.3
2007	玉米	0～20	248.1	78.9	4.74	3.54	343.7
2008	大豆	0～20	256.37	84.50	5.47	3.93	353.9
2008	大豆	0～20	243.53	85.93	5.44	3.37	347.7
2008	大豆	0～20	267.60	83.06	4.54	3.62	354.9
2008	大豆	0～20	250.89	75.42	4.85	3.88	349.7
2008	大豆	0～20	240.02	80.28	4.75	3.82	343.9
2008	大豆	0～20	252.33	81.08	5.02	3.77	350.8
2008	大豆	0～20	232.93	84.14	5.69	3.40	350.4
2008	大豆	0～20	247.84	82.25	5.69	3.46	354.9
2008	大豆	0～20	257.63	83.87	5.25	3.47	350.4
2008	大豆	0～20	241.19	84.86	5.12	3.62	356.0
2008	大豆	0～20	250.41	81.93	5.23	3.69	347.6
2008	大豆	0～20	255.74	80.81	5.47	3.36	348.3
2008	大豆	0～20	251.79	82.88	5.50	3.74	354.2
2008	大豆	0～20	260.77	80.72	5.71	3.83	352.4
2008	大豆	0～20	249.81	75.60	5.29	3.79	351.4
2008	大豆	0～20	251.61	79.92	4.73	4.05	344.2
2008	大豆	0～20	252.87	80.37	5.73	3.60	358.0
2008	大豆	0～20	248.29	81.80	5.02	3.87	351.8

4.2.1.2 其他观测场

表 4-59 辅助观测场长期采样地（无肥区）土壤交换量

土壤类型：黑土　　母质：黄土

年份	作物	采样深度 (cm)	交换性钙离子 [mmol/kg (1/2Ca^{2+})]	交换性镁离子 [mmol/kg (1/2Mg^{2+})]	交换性钾离子 [mmol/kg (K^+)]	交换性钠离子 [mmol/kg (Na^+)]	阳离子交换量 [mmol/kg (+)]
2005	玉米	0～20	267.9	62.2	4.62	3.56	349.0
2005	玉米	0～20	266.5	62.9	4.86	4.08	349.5
2005	玉米	0～20	261.4	61.1	4.90	3.86	346.0
2005	玉米	0～20	240.4	62.5	5.11	3.49	340.7
2005	玉米	0～20	252.2	64.5	4.83	3.45	342.9
2005	玉米	0～20	262.6	58.3	5.15	3.71	342.5
2005	玉米	0～20	265.8	58.8	4.86	3.44	356.0
2005	玉米	0～20	257.0	60.4	5.11	3.55	349.5
2005	玉米	0～20	257.5	59.9	4.36	4.01	350.8
2005	玉米	0～20	279.0	61.3	3.83	3.73	353.4
2005	玉米	0～20	271.4	58.7	5.13	3.96	347.3
2005	玉米	0～20	262.0	59.1	4.36	3.90	348.1
2005	玉米	0～20	249.6	63.3	4.48	3.73	354.7
2005	玉米	0～20	261.2	57.8	4.04	4.21	350.8
2005	玉米	0～20	260.4	52.8	4.18	4.02	345.5
2005	玉米	0～20	255.1	66.0	4.29	3.98	357.3
2005	玉米	0～20	248.3	58.2	4.06	3.95	354.7
2005	玉米	0～20	259.2	53.0	4.66	3.92	343.4
2006	大豆	0～20	257.3	68.2	5.01	3.71	337.9
2006	大豆	0～20	253.8	63.1	5.11	3.62	346.7
2006	大豆	0～20	249.1	65.7	4.89	3.49	350.1
2006	大豆	0～20	260.8	66.1	5.10	3.69	339.2
2006	大豆	0～20	250.8	69.4	4.89	3.91	342.1
2006	大豆	0～20	261.1	61.9	5.08	3.72	350.3
2007	玉米	0～20	266.0	62.8	4.85	4.07	346.0
2007	玉米	0～20	251.7	64.4	4.82	3.44	339.5
2007	玉米	0～20	278.4	61.2	3.82	3.72	349.8
2007	玉米	0～20	259.9	52.7	4.17	4.01	342.1
2007	玉米	0～20	247.8	58.1	4.05	3.94	351.1
2007	玉米	0～20	261.5	59.0	4.35	3.89	344.7
2007	玉米	0～20	239.9	62.4	5.10	3.48	337.3
2007	玉米	0～20	256.5	60.3	5.10	3.54	346.0
2007	玉米	0～20	267.4	62.1	4.61	3.55	345.5
2007	玉米	0～20	249.1	63.2	4.47	3.72	351.1
2007	玉米	0～20	259.3	59.9	4.59	3.80	345.5
2007	玉米	0～20	265.3	58.7	4.85	3.43	352.4
2007	玉米	0～20	260.9	61.0	4.89	3.85	342.5
2007	玉米	0～20	270.9	58.6	5.12	3.95	343.8
2007	玉米	0～20	258.7	52.9	4.65	3.91	339.9
2007	玉米	0～20	260.7	57.7	4.03	4.20	347.2

（续）

年份	作物	采样深度（cm）	交换性钙离子 [mmol/kg ($1/2Ca^{2+}$)]	交换性镁离子 [mmol/kg ($1/2Mg^{2+}$)]	交换性钾离子 [mmol/kg (K^{+})]	交换性钠离子 [mmol/kg (Na^{+})]	阳离子交换量 [mmol/kg (+)]
2007	玉米	0～20	262.1	58.2	5.14	3.70	339.1
2007	玉米	0～20	257.0	59.8	4.35	4.00	347.2
2008	大豆	0～20	276.01	61.61	4.89	3.46	352.1
2008	大豆	0～20	275.91	58.76	4.71	3.47	348.0
2008	大豆	0～20	257.08	58.96	4.67	3.80	348.0
2008	大豆	0～20	265.35	61.68	4.65	4.53	349.0
2008	大豆	0～20	270.95	59.69	4.03	4.10	345.9
2008	大豆	0～20	268.83	59.76	4.67	3.84	351.8
2008	大豆	0～20	275.82	58.36	4.63	3.59	345.3
2008	大豆	0～20	270.40	59.22	4.69	3.82	351.8
2008	大豆	0～20	280.69	57.96	4.36	3.86	362.6
2008	大豆	0～20	265.35	58.89	3.94	3.88	364.3
2008	大豆	0～20	265.62	59.29	5.25	3.89	353.5
2008	大豆	0～20	262.96	63.21	3.80	4.31	348.3
2008	大豆	0～20	275.09	56.17	4.57	3.76	351.0
2008	大豆	0～20	268.29	59.82	4.92	3.72	361.1
2008	大豆	0～20	271.23	61.68	4.61	3.49	343.8
2008	大豆	0～20	270.77	59.89	4.72	3.70	354.5
2008	大豆	0～20	260.75	61.75	5.25	4.49	350.2
2008	大豆	0～20	262.41	59.56	5.70	3.59	349.0

表 4-60　辅助观测场长期采样地（秸秆还田区）土壤交换量

土壤类型：黑土　　母质：黄土

年份	作物	采样深度（cm）	交换性钙离子 [mmol/kg ($1/2Ca^{2+}$)]	交换性镁离子 [mmol/kg ($1/2Mg^{2+}$)]	交换性钾离子 [mmol/kg (K^{+})]	交换性钠离子 [mmol/kg (Na^{+})]	阳离子交换量 [mmol/kg (+)]
2005	玉米	0～20	248.8	80.3	5.39	3.72	348.2
2005	玉米	0～20	239.5	79.8	4.76	3.62	350.3
2005	玉米	0～20	259.9	78.9	4.71	3.39	337.3
2005	玉米	0～20	254.4	81.2	4.81	3.52	350.7
2005	玉米	0～20	260.0	79.5	4.80	3.26	358.6
2005	玉米	0～20	247.4	80.2	4.84	3.49	355.6
2005	玉米	0～20	254.0	80.2	4.78	3.65	344.7
2005	玉米	0～20	259.1	75.6	4.65	3.58	345.5
2005	玉米	0～20	254.9	83.9	4.69	3.29	354.7
2005	玉米	0～20	260.1	83.8	4.99	3.25	356.5
2005	玉米	0～20	245.3	80.7	5.88	3.40	352.5
2005	玉米	0～20	265.2	78.3	4.42	3.69	355.1
2005	玉米	0～20	243.5	84.0	5.39	4.38	348.2
2005	玉米	0～20	248.5	83.9	4.73	4.42	352.5
2005	玉米	0～20	251.7	81.1	5.03	3.54	350.3

（续）

年份	作物	采样深度 (cm)	交换性钙离子 [mmol/kg ($1/2Ca^{2+}$)]	交换性镁离子 [mmol/kg ($1/2Mg^{2+}$)]	交换性钾离子 [mmol/kg (K^+)]	交换性钠离子 [mmol/kg (Na^+)]	阳离子交换量 [mmol/kg (+)]
2005	玉米	0～20	254.6	80.9	4.06	3.95	344.2
2005	玉米	0～20	248.5	79.7	3.96	3.71	348.2
2005	玉米	0～20	245.9	86.2	3.81	4.18	354.7
2006	大豆	0～20	247.3	82.4	5.03	3.81	339.2
2006	大豆	0～20	258.6	81.6	4.86	3.63	347.6
2006	大豆	0～20	250.1	80.8	4.94	3.59	350.1
2006	大豆	0～20	249.8	78.6	4.71	3.80	339.8
2006	大豆	0～20	253.1	83.4	4.96	3.69	343.6
2006	大豆	0～20	248.9	82.1	4.79	3.71	349.8
2007	玉米	0～20	265.6	85.6	5.09	3.32	360.7
2007	玉米	0～20	265.5	81.2	4.90	3.33	362.9
2007	玉米	0～20	244.5	81.5	4.86	3.70	354.6
2007	玉米	0～20	253.7	85.7	4.83	4.51	356.8
2007	玉米	0～20	259.9	82.6	4.15	4.03	348.4
2007	玉米	0～20	257.6	82.7	4.86	3.75	354.6
2007	玉米	0～20	265.4	80.6	4.81	3.46	341.3
2007	玉米	0～20	259.3	81.9	4.88	3.73	348.8
2007	玉米	0～20	270.8	79.9	4.51	3.77	359.4
2007	玉米	0～20	253.7	81.4	4.04	3.79	352.3
2007	玉米	0～20	254.0	82.0	5.50	3.80	352.3
2007	玉米	0～20	251.1	88.0	3.89	4.27	359.0
2007	玉米	0～20	264.5	77.2	4.75	3.66	349.7
2007	玉米	0～20	257.0	82.8	5.14	3.61	354.6
2007	玉米	0～20	260.3	85.7	4.79	3.36	359.0
2007	玉米	0～20	259.7	82.9	4.91	3.59	354.9
2007	玉米	0～20	248.6	85.8	5.50	4.47	352.3
2007	玉米	0～20	250.5	82.4	6.00	3.47	356.8
2008	大豆	0～20	253.18	80.33	4.80	3.85	350.8
2008	大豆	0～20	258.56	83.68	5.25	3.66	345.6
2008	大豆	0～20	266.85	83.41	4.72	3.54	355.9
2008	大豆	0～20	249.65	89.15	4.99	3.70	355.9
2008	大豆	0～20	239.15	85.53	4.94	3.71	361.2
2008	大豆	0～20	249.21	80.06	5.80	3.75	353.7
2008	大豆	0～20	253.18	84.21	5.04	4.05	357.6
2008	大豆	0～20	249.91	83.41	4.80	3.60	361.2
2008	大豆	0～20	257.59	78.83	4.98	3.59	358.0
2008	大豆	0～20	240.65	83.06	5.68	3.91	357.6
2008	大豆	0～20	250.44	85.62	5.78	3.98	359.4
2008	大豆	0～20	256.09	84.21	4.95	3.65	352.7
2008	大豆	0～20	254.24	83.15	5.11	3.75	357.7
2008	大豆	0～20	260.94	84.38	5.06	3.69	347.1
2008	大豆	0～20	258.12	79.62	4.36	3.72	353.0
2008	大豆	0～20	262.00	83.06	4.64	3.85	361.5
2008	大豆	0～20	254.41	81.56	5.02	3.58	340.3
2008	大豆	0～20	260.32	82.00	4.77	3.65	350.6

表 4－61 胜利村 67 号地站区调查点长期采样地土壤交换量

土壤类型：黑土　　母质：黄土

年份	作物	采样深度（cm）	交换性钙离子[mmol/kg（1/2Ca^{2+}）]	交换性镁离子[mmol/kg（1/2Mg^{2+}）]	交换性钾离子[mmol/kg（K^+）]	交换性钠离子[mmol/kg（Na^+）]	阳离子交换量[mmol/kg（+）]
2005	大豆	0～20	246.5	76.5	4.96	3.71	347.1
2006	大豆	0～20	251.2	77.9	4.81	3.79	345.1
2007	玉米	0～20	244.9	76.0	4.93	3.69	344.8
2007	玉米	0～20	252.1	78.2	5.07	3.79	355.0
2007	玉米	0～20	248.7	77.2	5.00	3.74	350.3
2008	大豆	0～20	251.26	76.11	4.68	4.16	346.2
2008	大豆	0～20	265.69	80.23	4.96	4.40	337.6
2008	大豆	0～20	258.22	78.09	4.82	4.28	356.9

表 4－62 胜利村 76 号地站区调查点长期采样地土壤交换量

土壤类型：黑土　　母质：黄土

年份	作物	采样深度（cm）	交换性钙离子[mmol/kg（1/2Ca^{2+}）]	交换性镁离子[mmol/kg（1/2Mg^{2+}）]	交换性钾离子[mmol/kg（K^+）]	交换性钠离子[mmol/kg（Na^+）]	阳离子交换量[mmol/kg（+）]
2005	玉米	0～20	249.5	71.2	4.73	4.18	338.1
2006	玉米	0～20	247.0	72.8	4.81	4.09	341.2
2007	大豆	0～20	245.7	70.1	4.66	4.12	332.9
2007	大豆	0～20	255.2	72.8	4.84	4.28	345.8
2007	大豆	0～20	251.1	71.7	4.76	4.21	340.3
2008	玉米	0～20	252.63	81.45	4.94	3.85	355.9
2008	玉米	0～20	258.51	83.27	5.06	3.94	359.4
2008	玉米	0～20	255.77	82.42	5.00	3.90	349.8

表 4－63 光荣村站区调查点长期采样地土壤交换量

土壤类型：黑土　　母质：黄土

年份	作物	采样深度（cm）	交换性钙离子[mmol/kg（1/2Ca^{2+}）]	交换性镁离子[mmol/kg（1/2Mg^{2+}）]	交换性钾离子[mmol/kg（K^+）]	交换性钠离子[mmol/kg（Na^+）]	阳离子交换量[mmol/kg（+）]
2005	大豆	0～20	253.9	77.4	4.41	3.49	357.3
2006	大豆	0～20	249.8	79.3	4.49	3.58	355.2
2007	大豆	0～20	243.2	69.4	4.61	4.07	329.5
2007	大豆	0～20	261.0	74.5	4.95	4.37	353.6
2007	大豆	0～20	251.8	71.8	4.77	4.22	341.1
2008	大豆	0～20	253.31	76.69	4.72	4.20	358.0
2008	大豆	0～20	260.99	78.88	4.87	4.33	354.2
2008	大豆	0～20	257.71	77.95	4.81	4.27	346.9

4.2.2 土壤养分

4.2.2.1 综合观测场

表 4-64 综合观测场土壤养分

土壤类型：黑垆土　　母质：黄土

年份	作物	采样深度 (cm)	土壤有机质 (g/kg)	全氮 (g/kg)	全磷 (g/kg)	全钾 (g/kg)	速效氮 (mg/kg)	有效磷 (mg/kg)	速效钾 (mg/kg)	缓效钾 (mg/kg)	水溶液提 pH
2001	玉米	0~20	48.10	2.30	0.80	—	—	20.73	—	—	—
2001	玉米	0~20	48.90	2.30	0.80	—	—	17.00	—	—	—
2001	玉米	0~20	46.90	2.40	0.70	—	—	17.50	—	—	—
2001	玉米	0~20	47.60	2.30	0.80	—	—	19.02	—	—	—
2001	玉米	0~20	45.90	2.30	0.80	—	—	22.40	—	—	—
2001	玉米	20~40	34.70	1.80	0.60	—	—	9.70	—	—	—
2001	玉米	0~20	47.50	2.60	0.80	—	—	30.48	—	—	—
2001	玉米	0~20	44.50	2.20	0.80	—	—	32.59	—	—	—
2001	玉米	0~20	46.60	2.30	0.80	—	—	33.96	—	—	—
2001	玉米	0~20	47.60	2.40	0.80	—	—	36.84	—	—	—
2001	玉米	0~20	48.60	2.60	0.80	—	—	30.05	—	—	—
2001	玉米	20~40	39.70	2.10	0.60	—	—	17.30	—	—	—
2001	玉米	0~20	44.70	2.20	0.80	—	—	33.45	—	—	—
2001	玉米	0~20	42.00	1.90	0.80	—	—	32.59	—	—	—
2001	玉米	0~20	45.10	2.40	0.80	—	—	29.63	—	—	—
2001	玉米	0~20	44.90	2.10	0.80	—	—	31.75	—	—	—
2001	玉米	0~20	44.70	2.10	0.80	—	—	31.24	—	—	—
2001	玉米	20~40	27.20	1.10	0.60	—	—	16.91	—	—	—
2001	玉米	0~20	44.40	2.00	0.80	—	—	31.66	—	—	—
2001	玉米	0~20	46.30	2.10	0.80	—	—	29.04	—	—	—
2001	玉米	0~20	45.10	2.00	0.90	—	—	30.05	—	—	—
2001	玉米	0~20	47.50	2.20	0.90	—	—	30.73	—	—	—
2001	玉米	0~20	46.30	2.10	0.90	—	—	22.93	—	—	—
2001	玉米	20~40	34.70	1.50	0.70	—	—	17.59	—	—	—
2001	玉米	0~20	44.60	2.00	0.80	—	—	27.17	—	—	—
2001	玉米	0~20	44.90	2.00	0.90	—	—	27.85	—	—	—
2001	玉米	0~20	43.90	2.00	0.80	—	—	26.66	—	—	—
2001	玉米	0~20	43.70	2.00	0.80	—	—	23.10	—	—	—
2001	玉米	0~20	43.40	2.00	0.80	—	—	21.57	—	—	—
2001	玉米	20~40	40.30	2.00	0.70	—	—	16.82	—	—	—
2001	玉米	0~20	49.00	2.20	0.80	—	—	28.10	—	—	—
2001	玉米	0~20	48.90	2.30	0.80	—	—	30.05	—	—	—
2001	玉米	0~20	47.70	2.50	0.80	—	—	23.78	—	—	—
2001	玉米	0~20	49.20	2.40	0.80	—	—	33.11	—	—	—
2001	玉米	0~20	47.30	2.40	0.80	—	—	30.73	—	—	—
2001	玉米	20~40	39.30	1.90	0.70	—	—	15.30	—	—	—
2002	小麦	0~20	47.80	2.15	0.79	20.90	249	21.60	174.5	1 025	6.66
2002	小麦	0~20	48.50	2.26	0.75	21.20	255	16.50	179.2	1 109	6.95
2002	小麦	0~20	46.10	2.29	0.71	20.10	244	18.10	160.1	1 034	6.78
2002	小麦	0~20	46.90	2.21	0.80	20.90	251	19.02	169.5	1 033	6.81
2002	小麦	0~20	45.30	2.24	0.75	21.50	241	23.50	178.6	1 091	6.86
2002	小麦	20~40	34.50	1.84	0.60	21.10	78	10.20	104.2	931	6.99

（续）

年份	作物	采样深度 (cm)	土壤有机质 (g/kg)	全氮 (g/kg)	全磷 (g/kg)	全钾 (g/kg)	速效氮 (mg/kg)	有效磷 (mg/kg)	速效钾 (mg/kg)	缓效钾 (mg/kg)	水溶液提 pH
2002	小麦	0～20	46.80	2.29	0.81	20.60	245	31.30	170.9	1 052	6.71
2002	小麦	0～20	46.30	2.21	0.82	21.40	254	33.10	169.4	1 105	6.69
2002	小麦	0～20	46.60	2.23	0.79	21.10	251	34.10	165.8	1 093	6.72
2002	小麦	0～20	47.50	2.31	0.80	20.60	249	37.20	169.7	1 101	6.79
2002	小麦	0～20	47.40	2.41	0.78	21.60	246	31.70	168.3	1 083	6.81
2002	小麦	20～40	35.60	1.76	0.61	21.10	97	17.10	116.4	974	7.00
2002	小麦	0～20	44.40	2.15	0.77	21.30	245	33.40	167.8	1 038	6.83
2002	小麦	0～20	46.70	2.26	0.80	20.20	252	33.20	175.6	1 047	6.69
2002	小麦	0～20	44.90	2.31	0.78	21.30	253	29.50	175.1	1 049	6.74
2002	小麦	0～20	44.10	2.05	0.79	20.40	241	32.60	176.3	1 105	6.85
2002	小麦	0～20	44.60	2.09	0.80	21.50	244	31.90	170.2	1 107	6.79
2002	小麦	20～40	31.70	1.51	0.63	20.90	89	17.10	112.9	958	6.95
2002	小麦	0～20	45.90	2.19	0.75	21.70	243	31.50	170.6	1 099	6.88
2002	小麦	0～20	46.20	2.11	0.79	20.80	249	30.10	163.2	1 091	6.76
2002	小麦	0～20	44.80	2.00	0.85	21.20	251	30.90	170.2	1 039	6.87
2002	小麦	0～20	47.50	2.19	0.89	20.70	244	31.20	168.5	1 031	6.76
2002	小麦	0～20	46.00	2.05	0.84	20.80	249	23.40	169.8	1 044	6.81
2002	小麦	20～40	34.40	1.69	0.65	20.90	91	18.20	121.9	963	6.97
2002	小麦	0～20	44.30	2.13	0.80	21.50	247	28.30	168.4	1 089	6.72
2002	小麦	0～20	44.90	2.13	0.84	20.60	245	28.20	168.6	1 086	6.79
2002	小麦	0～20	43.90	2.14	0.78	21.40	248	27.50	178.5	1 077	6.74
2002	小麦	0～20	43.70	2.11	0.76	20.10	250	23.10	178.9	1 082	6.67
2002	小麦	0～20	43.40	2.10	0.74	20.90	255	22.30	176.8	1 056	6.82
2002	小麦	20～40	40.10	2.00	0.63	20.80	83	17.10	109.2	945	6.96
2002	小麦	0～20	48.30	2.39	0.76	21.60	249	28.80	164.3	1 072	6.84
2002	小麦	0～20	48.70	2.50	0.80	20.70	247	30.80	165.6	1 060	6.82
2002	小麦	0～20	47.70	2.31	0.77	21.50	246	24.50	170.2	1 106	6.79
2002	小麦	0～20	48.60	2.40	0.78	20.30	243	34.10	171.4	1 109	6.81
2002	小麦	0～20	46.70	2.34	0.80	20.40	250	31.00	168.5	1 047	6.88
2002	小麦	20～40	39.10	1.82	0.62	21.40	89	16.10	106.3	932	6.97
2003	玉米	0～20	45.9	2.15	0.78	20.5	243	31.1	169.3	1 058	6.75
2003	玉米	0～20	46.3	2.18	0.77	21.1	244	31.3	168.9	1 059	6.85
2003	玉米	0～20	46.0	2.20	0.80	20.3	241	31.2	168.5	1 057	6.79
2003	玉米	0～20	46.2	2.19	0.81	20.6	239	30.5	170.1	1 060	6.81
2003	玉米	0～20	45.8	2.19	0.77	20.9	238	31.8	170.5	1 056	6.84
2003	玉米	20～40	34.4	1.78	0.61	21.3	75	17.1	102.1	931	6.84
2003	玉米	0～20	46.1	2.21	0.81	20.1	239	33.5	168.9	1 065	6.74
2003	玉米	0～20	46.3	2.23	0.82	21.2	241	33.8	169.5	1 064	6.71
2003	玉米	0～20	46.2	2.18	0.79	21.1	242	33.6	168.8	1 063	6.79
2003	玉米	0～20	45.7	2.19	0.83	20.4	242	32.8	167.3	1 066	6.76
2003	玉米	0～20	45.8	2.21	0.79	21.4	237	33.6	169.9	1 065	6.78
2003	玉米	20～40	35.3	1.75	0.61	21.5	81	17.6	105.3	935	6.98
2003	玉米	0～20	44.5	2.11	0.77	20.8	238	31.7	170.5	1 063	6.85
2003	玉米	0～20	44.3	2.13	0.78	20.7	238	32.5	170.2	1 062	6.78
2003	玉米	0～20	44.2	2.09	0.79	21.1	239	32.3	169.8	1 064	7.79
2003	玉米	0～20	44.8	2.15	0.82	21.2	235	32.1	168.9	1 064	6.84

（续）

年份	作物	采样深度 (cm)	土壤有机质 (g/kg)	全氮 (g/kg)	全磷 (g/kg)	全钾 (g/kg)	速效氮 (mg/kg)	有效磷 (mg/kg)	速效钾 (mg/kg)	缓效钾 (mg/kg)	水溶液提 pH
2003	玉米	0～20	44.7	2.10	0.82	20.6	236	31.9	169.1	1 061	6.81
2003	玉米	20～40	31.6	1.50	0.63	20.3	79	17.3	103.2	938	6.91
2003	玉米	0～20	46.0	2.10	0.84	21.5	241	30.3	168.4	1 059	6.82
2003	玉米	0～20	45.9	2.14	0.81	20.9	243	29.6	168.3	1 058	6.83
2003	玉米	0～20	45.6	2.08	0.79	21.3	244	30.6	167.5	1 061	6.79
2003	玉米	0～20	46.1	2.09	0.83	20.8	239	30.3	166.8	1 057	6.87
2003	玉米	0～20	45.7	2.10	0.81	20.9	239	30.6	169.7	1 059	6.81
2003	玉米	20～40	34.3	1.67	0.65	21.1	82	17.7	107.4	933	6.96
2003	玉米	0～20	44.1	2.09	0.79	21.5	239	27.6	171.5	1 061	6.72
2003	玉米	0～20	44.0	2.11	0.80	21.4	240	27.9	172.2	1 062	6.73
2003	玉米	0～20	43.8	2.08	0.82	21.5	239	27.4	170.4	1 062	6.76
2003	玉米	0～20	43.7	2.13	0.77	20.8	241	27.7	169.5	1 059	6.79
2003	玉米	0～20	44.4	2.13	0.77	20.2	243	27.5	172.4	1 060	6.75
2003	玉米	20～40	38.2	1.81	0.63	20.6	77	17.5	102.6	935	6.97
2003	玉米	0～20	45.8	2.22	0.77	21.2	238	31.3	168.6	1 063	6.89
2003	玉米	0～20	45.9	2.23	0.81	21.3	236	31.1	169.6	1 062	6.87
2003	玉米	0～20	46.7	2.19	0.81	21.5	235	31.4	170.2	1 064	6.83
2003	玉米	0～20	46.3	2.24	0.76	21.1	239	31.1	170.5	1 061	6.81
2003	玉米	0～20	46.4	2.21	0.78	20.8	240	30.8	169.3	1 065	6.82
2003	玉米	20～40	37.5	1.76	0.64	20.7	78	16.2	103.4	930	6.98
2004	大豆	0～10	46.13	2.25	0.76	20.11	238.45	30.54	169.45	1 058.63	6.62
2004	大豆	10～20	46.13	2.25	0.76	20.11	238.45	30.54	169.45	1 058.63	6.62
2004	大豆	20～40	35.26	1.75	0.61	21.10	74.23	17.19	102.68	921.65	6.75
2004	大豆	0～10	45.62	2.19	0.79	20.93	233.29	33.82	166.32	1 049.34	6.51
2004	大豆	10～20	45.62	2.19	0.79	20.93	233.29	33.82	166.32	1 049.34	6.51
2004	大豆	20～40	35.21	1.74	0.62	20.50	75.84	17.28	101.65	925.38	6.71
2004	大豆	0～10	45.14	2.24	0.77	21.14	241.67	32.62	168.67	1 048.43	6.69
2004	大豆	10～20	45.14	2.24	0.77	21.14	241.67	32.62	168.67	1 048.43	6.69
2004	大豆	20～40	34.81	1.71	0.63	20.36	72.31	18.10	101.12	923.41	6.54
2004	大豆	0～10	45.17	2.20	0.79	21.21	235.86	31.96	167.43	1 051.36	6.63
2004	大豆	10～20	45.17	2.20	0.79	21.21	235.86	31.96	167.43	1 051.36	6.63
2004	大豆	20～40	35.29	1.73	0.63	20.17	73.14	17.15	102.24	920.15	6.68
2004	大豆	0～10	46.25	2.19	0.78	20.28	234.52	34.53	170.52	1 049.83	6.65
2004	大豆	10～20	46.25	2.19	0.78	20.28	234.52	34.53	170.52	1 049.83	6.65
2004	大豆	20～40	34.79	1.74	0.62	20.92	71.68	17.52	101.69	924.35	6.72
2004	大豆	0～10	45.68	2.23	0.75	21.15	243.56	33.61	166.76	1 051.32	6.72
2004	大豆	10～20	45.68	2.23	0.75	21.15	243.56	33.61	133.76	1 051.32	6.72
2004	大豆	20～40	34.52	1.74	0.64	20.19	75.13	17.98	101.84	922.13	6.71
2004	玉米	0～10	45.19	2.07	0.71	18.02	169.84	28.01	143.25	—	5.19
2004	玉米	10～20	45.19	2.07	0.71	18.02	169.84	28.01	143.25	—	5.19
2004	玉米	0～10	45.70	2.17	0.76	17.68	169.12	34.39	158.20	—	5.21
2004	玉米	10～20	45.70	2.17	0.76	17.68	169.12	34.39	158.20	—	5.21
2004	玉米	0～10	45.38	2.09	0.76	17.64	172.52	27.41	155.35	—	5.22
2004	玉米	10～20	45.38	2.09	0.76	17.64	172.52	27.41	155.35	—	5.22
2004	玉米	0～10	45.19	2.07	0.77	17.21	146.26	28.25	160.18	—	5.25
2004	玉米	10～20	45.19	2.07	0.77	17.21	146.26	28.25	160.18	—	5.25

（续）

年份	作物	采样深度 (cm)	土壤有机质 (g/kg)	全氮 (g/kg)	全磷 (g/kg)	全钾 (g/kg)	速效氮 (mg/kg)	有效磷 (mg/kg)	速效钾 (mg/kg)	缓效钾 (mg/kg)	水溶液提 pH
2004	玉米	0～10	46.15	2.17	0.80	17.50	162.75	33.19	163.65	—	5.23
2004	玉米	10～20	46.15	2.17	0.80	17.50	162.75	33.19	163.65	—	5.23
2004	玉米	0～10	47.31	2.21	0.80	16.79	176.20	25.48	160.58	—	5.28
2004	玉米	10～20	47.31	2.21	0.80	16.79	176.20	25.48	160.58	—	5.28
2004	大豆	0～10	45.96	2.35	0.72	18.67	179.34	28.09	141.26	—	5.33
2004	大豆	10～20	45.96	2.35	0.72	18.67	179.34	28.09	141.26	—	5.33
2004	大豆	0～10	48.51	2.36	0.74	17.99	165.26	34.50	157.31	—	5.18
2004	大豆	10～20	48.51	2.36	0.74	17.99	165.26	34.50	157.31	—	5.18
2004	大豆	0～10	47.07	2.38	0.73	18.12	177.18	27.03	143.64	—	5.29
2004	大豆	10～20	47.07	2.38	0.73	18.12	177.18	27.03	143.64	—	5.29
2004	大豆	0～10	47.10	2.31	0.75	17.54	168.23	28.69	159.58	—	5.37
2004	大豆	10～20	47.10	2.31	0.75	17.54	168.23	28.69	159.58	—	5.37
2004	大豆	0～10	46.62	2.28	0.71	16.98	165.21	33.04	161.38	—	5.21
2004	大豆	10～20	46.62	2.28	0.71	16.98	165.21	33.04	161.38	—	5.21
2004	大豆	0～10	48.93	2.44	0.75	17.45	179.37	25.98	160.66	—	5.35
2004	大豆	10～20	48.93	2.44	0.75	17.45	179.37	25.98	160.66	—	5.35
2005	玉米	0～20	44.1	2.30	—	—	183.6	33.39	123.7	775.8	5.61
2005	玉米	0～20	43.6	2.31	—	—	170.1	35.62	128.2	742.3	5.62
2005	玉米	0～20	43.6	2.30	—	—	162.2	35.41	132.4	743.1	5.65
2005	玉米	0～20	43.5	2.37	—	—	165.1	36.38	130.2	733.8	5.60
2005	玉米	0～20	42.7	2.22	—	—	157.8	30.89	128.1	743.4	5.66
2005	玉米	0～20	42.6	2.23	—	—	161.2	37.43	125.8	784.7	5.60
2005	玉米	0～20	42.1	2.21	—	—	156.7	35.14	119.7	715.3	5.64
2005	玉米	0～20	43.7	2.29	—	—	176.2	39.75	124.6	750.9	5.76
2005	玉米	0～20	42.1	2.18	—	—	160.3	33.58	138.7	695.8	5.76
2005	玉米	0～20	42.2	2.24	—	—	169.7	31.70	130.6	699.4	5.52
2005	玉米	0～20	42.4	2.23	—	—	159.0	38.49	125.6	741.9	5.60
2005	玉米	0～20	43.5	2.28	—	—	164.5	28.29	139.0	709.0	5.77
2005	玉米	0～20	43.0	2.34	—	—	164.7	33.97	123.6	700.9	5.95
2005	玉米	0～20	43.2	2.24	—	—	159.7	32.23	126.7	705.3	5.86
2005	玉米	0～20	42.0	2.16	—	—	155.5	27.32	123.2	694.8	5.94
2005	玉米	0～20	44.0	2.32	—	—	180.4	36.20	137.4	717.6	5.77
2005	玉米	0～20	44.4	2.27	—	—	163.2	30.21	122.4	713.1	5.74
2005	玉米	0～20	44.1	2.16	—	—	174.3	34.06	132.6	702.9	5.78
2006	大豆	0～20	43.80	2.27	—	—	162.89	38.86	131.70	—	5.77
2006	大豆	0～20	43.10	2.21	—	—	181.18	35.65	124.30	—	5.72
2006	大豆	0～20	42.90	2.32	—	—	178.95	32.60	129.80	—	5.76
2006	大豆	0～20	42.80	2.30	—	—	180.46	33.46	132.60	—	5.69
2006	大豆	0～20	43.20	2.24	—	—	181.21	34.00	131.80	—	5.68
2006	大豆	0～20	43.50	2.19	—	—	181.96	34.01	123.90	—	5.60
2007	玉米	0～20	43.03	2.25	0.867	20.42	162.87	37.81	127.07	776.32	5.66
2007	玉米	0～20	44.04	2.33	0.812	21.68	163.82	35.77	133.74	735.17	5.71
2007	玉米	0～20	43.94	2.30	0.782	21.11	166.15	28.57	140.40	701.43	5.83
2007	玉米	0～20	44.44	2.34	0.824	20.33	182.23	36.56	138.79	709.94	5.83
2007	玉米	0～20	42.53	2.20	0.812	20.62	161.91	33.92	140.10	688.37	5.81
2007	玉米	0～20	44.55	2.32	0.804	20.54	185.41	33.73	124.95	767.52	5.67

（续）

年份	作物	采样深度 (cm)	土壤有机质 (g/kg)	全氮 (g/kg)	全磷 (g/kg)	全钾 (g/kg)	速效氮 (mg/kg)	有效磷 (mg/kg)	速效钾 (mg/kg)	缓效钾 (mg/kg)	水溶液提 pH
2007	玉米	0~20	43.64	2.26	0.855	21.01	161.28	32.56	127.98	697.77	5.91
2007	玉米	0~20	44.55	2.18	0.766	21.32	176.09	34.41	133.94	695.40	5.84
2007	玉米	0~20	43.94	2.39	0.826	20.86	166.78	36.74	131.52	725.97	5.66
2007	玉米	0~20	42.63	2.26	0.853	21.30	171.44	32.02	131.92	691.93	5.58
2007	玉米	0~20	42.53	2.23	0.804	21.61	158.32	35.49	120.91	707.66	5.70
2007	玉米	0~20	44.04	2.34	0.792	18.87	171.86	35.98	129.49	734.38	5.67
2007	玉米	0~20	43.13	2.24	0.865	20.26	159.37	31.20	129.39	735.46	5.72
2007	玉米	0~20	42.42	2.18	0.865	20.34	157.05	27.60	124.44	687.38	5.99
2007	玉米	0~20	44.14	2.32	0.826	21.47	178.00	40.15	125.86	742.88	5.82
2007	玉米	0~20	44.85	2.29	0.846	21.53	164.88	30.52	123.64	705.49	5.79
2007	玉米	0~20	42.83	2.25	0.775	21.25	160.64	38.88	126.87	733.98	5.66
2007	玉米	0~20	43.43	2.36	0.816	18.87	166.36	34.31	124.85	693.42	6.01
2008	大豆	0~20	44.84	2.39	0.840	20.81	157.74	36.49	130.66	701.95	5.94
2008	大豆	0~20	44.75	2.37	0.814	20.30	159.83	35.01	131.66	711.59	5.85
2008	大豆	0~20	45.20	2.41	0.852	19.60	174.31	37.21	126.21	719.25	5.85
2008	大豆	0~20	43.47	2.28	0.841	19.86	156.02	34.83	136.39	699.83	5.83
2008	大豆	0~20	45.29	2.39	0.833	19.79	177.17	34.65	132.75	771.07	5.70
2008	大豆	0~20	44.47	2.34	0.880	20.21	155.45	33.60	125.48	708.29	5.92
2008	大豆	0~20	45.29	2.26	0.799	20.49	168.79	35.27	130.85	706.16	5.85
2008	大豆	0~20	44.75	2.45	0.854	20.08	160.40	37.37	128.66	713.67	5.89
2008	大豆	0~20	43.56	2.34	0.878	20.47	164.59	33.12	129.03	703.04	5.82
2008	大豆	0~20	43.47	2.30	0.833	20.75	152.78	36.24	139.12	717.20	5.73
2008	大豆	0~20	44.84	2.40	0.823	18.29	164.98	36.68	126.85	741.24	5.80
2008	大豆	0~20	44.02	2.32	0.889	19.54	153.74	32.38	126.75	722.22	5.75
2008	大豆	0~20	43.38	2.37	0.888	19.60	151.64	29.14	122.30	698.94	6.00
2008	大豆	0~20	44.93	2.39	0.854	20.62	170.50	40.43	123.57	718.90	5.84
2008	大豆	0~20	45.56	2.36	0.871	20.68	158.69	31.77	127.57	715.24	5.81
2008	大豆	0~20	43.75	2.33	0.808	20.42	154.88	39.29	128.48	700.88	5.69
2008	大豆	0~20	44.29	2.42	0.845	18.28	160.02	35.18	122.66	714.38	6.00
2008	大豆	0~20	44.43	2.35	0.850	19.97	161.02	35.11	127.09	726.82	5.79

4.2.2.2 其他观测场

补充其他观测场数据。

表 4-65 辅助观测场长期采样地（无肥区）土壤养分

土壤类型：黑垆土　　母质：黄土

年份	作物	采样深度 (cm)	土壤有机质 (g/kg)	全氮 (g/kg)	全磷 (g/kg)	全钾 (g/kg)	速效氮 (mg/kg)	有效磷 (mg/kg)	速效钾 (mg/kg)	缓效钾 (mg/kg)	水溶液提 pH
2004	大豆	0~10	45.39	2.24	0.70	17.98	169.51	29.34	152.38	—	5.38
2004	大豆	10~20	45.39	2.24	0.70	17.98	169.51	29.34	152.38	—	5.38
2004	大豆	0~10	47.58	2.37	0.75	18.25	178.63	33.58	157.87	—	5.39
2004	大豆	10~20	47.58	2.37	0.75	18.25	178.63	33.58	157.87	—	5.39
2004	大豆	0~10	46.94	2.30	0.71	18.35	171.87	28.36	156.32	—	5.21
2004	大豆	10~20	46.94	2.30	0.71	18.35	171.87	28.36	156.32	—	5.21
2004	大豆	0~10	47.10	2.37	0.76	19.04	167.54	27.43	161.38	—	5.29
2004	大豆	10~20	47.10	2.37	0.76	19.04	167.54	27.43	161.38	—	5.29

（续）

年份	作物	采样深度 (cm)	土壤有机质 (g/kg)	全氮 (g/kg)	全磷 (g/kg)	全钾 (g/kg)	速效氮 (mg/kg)	有效磷 (mg/kg)	速效钾 (mg/kg)	缓效钾 (mg/kg)	水溶液提 pH
2004	大豆	0～10	46.12	2.33	0.73	18.91	163.85	32.15	159.63	—	5.33
2004	大豆	10～20	46.12	2.33	0.73	18.91	163.85	32.15	159.63	—	5.33
2004	大豆	0～10	47.25	2.34	0.72	17.89	175.61	26.97	160.44	—	5.36
2004	大豆	10～20	47.25	2.34	0.72	17.89	175.61	26.97	160.44	—	5.36
2005	玉米	0～20	43.8	2.18	—	—	166.2	28.77	124.3	687.2	5.80
2005	玉米	0～20	44.0	2.20	—	—	170.1	28.96	128.7	697.8	5.84
2005	玉米	0～20	44.7	2.17	—	—	163.9	32.43	127.4	696.6	5.78
2005	玉米	0～20	44.7	2.19	—	—	147.9	31.95	118.3	719.7	5.85
2005	玉米	0～20	44.1	2.21	—	—	158.0	31.96	120.9	723.6	5.84
2005	玉米	0～20	44.8	2.15	—	—	158.4	36.66	130.3	708.2	5.87
2005	玉米	0～20	47.5	2.29	—	—	171.4	38.12	112.4	755.1	5.70
2005	玉米	0～20	45.1	2.21	—	—	164.5	31.66	117.4	788.6	5.88
2005	玉米	0～20	45.3	2.27	—	—	176.2	35.72	134.3	734.2	5.77
2005	玉米	0～20	44.7	2.31	—	—	161.6	35.70	132.0	738.5	5.75
2005	玉米	0～20	43.7	2.21	—	—	171.4	34.83	127.1	747.4	5.80
2005	玉米	0～20	45.6	2.24	—	—	163.6	35.03	134.4	710.6	5.76
2005	玉米	0～20	43.1	2.20	—	—	168.7	38.40	131.0	740.5	5.80
2005	玉米	0～20	42.8	2.10	—	—	162.2	23.86	127.6	792.9	5.80
2005	玉米	0～20	44.2	2.22	—	—	154.6	25.11	128.6	717.9	5.78
2005	玉米	0～20	45.2	2.12	—	—	151.7	26.07	121.4	713.6	5.84
2005	玉米	0～20	43.9	2.17	—	—	146.7	25.11	124.3	737.7	5.85
2005	玉米	0～20	44.9	2.16	—	—	150.4	32.43	119.6	755.4	5.82
2006	大豆	0～20	44.10	2.20	—	—	168.93	30.22	124.30	—	5.76
2006	大豆	0～20	43.90	2.17	—	—	158.41	30.07	130.60	—	5.94
2006	大豆	0～20	44.60	2.19	—	—	154.65	29.10	120.70	—	5.82
2006	大豆	0～20	43.70	2.28	—	—	149.89	28.78	119.90	—	5.91
2006	大豆	0～20	43.40	2.22	—	—	161.67	28.93	123.60	—	5.69
2006	大豆	0～20	44.30	2.19	—	—	161.92	27.78	130.10	—	5.72
2007	玉米	0～20	44.61	2.16	0.822	20.24	146.66	31.86	116.76	725.97	5.86
2007	玉米	0～20	45.98	2.26	0.800	20.96	169.93	34.30	110.94	707.66	5.70
2007	玉米	0～20	43.01	2.17	0.812	18.30	167.23	34.55	129.30	693.42	5.80
2007	玉米	0～20	43.81	2.14	0.842	20.89	145.41	25.04	122.69	705.49	5.86
2007	玉米	0～20	44.61	2.28	0.849	20.66	160.16	35.61	130.29	691.93	5.76
2007	玉米	0～20	43.91	2.17	0.788	18.31	168.68	28.89	127.03	734.38	5.84
2007	玉米	0～20	44.11	2.19	0.861	19.73	153.31	25.04	126.93	687.38	5.78
2007	玉米	0～20	43.71	2.15	0.800	19.93	164.73	28.69	122.69	767.52	5.81
2007	玉米	0～20	44.71	2.13	0.863	19.81	157.05	32.99	128.61	776.32	5.87
2007	玉米	0～20	45.51	2.21	0.778	20.48	162.24	34.94	132.65	701.43	5.76
2007	玉米	0～20	44.81	2.13	0.762	20.69	149.15	32.34	118.05	695.40	5.83
2007	玉米	0～20	45.21	2.24	0.808	20.00	174.31	35.62	132.56	688.37	5.77
2007	玉米	0～20	44.61	2.14	0.808	21.03	162.45	32.34	125.75	735.17	5.79
2007	玉米	0～20	42.71	2.07	0.851	20.38	160.79	26.27	125.94	697.77	5.80
2007	玉米	0～20	45.01	2.19	0.822	20.83	163.07	31.57	115.87	742.88	5.88
2007	玉米	0～20	43.61	2.18	0.772	20.61	169.93	34.74	125.45	733.98	5.80
2007	玉米	0～20	45.11	2.09	0.820	19.72	150.40	26.00	119.82	709.94	5.85
2007	玉米	0～20	44.01	2.18	0.861	19.66	156.63	31.88	119.33	735.46	5.85

（续）

年份	作物	采样深度 (cm)	土壤有机质 (g/kg)	全氮 (g/kg)	全磷 (g/kg)	全钾 (g/kg)	速效氮 (mg/kg)	有效磷 (mg/kg)	速效钾 (mg/kg)	缓效钾 (mg/kg)	水溶液提 pH
2008	大豆	0~20	44.58	2.17	0.830	20.17	163.23	29.57	110.15	677.20	5.93
2008	大豆	0~20	41.91	2.10	0.791	17.77	160.80	31.39	121.67	704.38	5.82
2008	大豆	0~20	42.63	2.06	0.778	20.10	141.17	26.84	111.72	715.24	5.87
2008	大豆	0~20	43.35	2.19	0.834	19.90	154.45	36.35	127.56	703.04	5.98
2008	大豆	0~20	42.72	2.10	0.819	17.78	162.11	30.30	134.63	741.24	5.86
2008	大豆	0~20	42.90	2.11	0.885	19.06	148.28	26.84	124.54	698.94	5.80
2008	大豆	0~20	42.54	2.07	0.830	19.24	158.56	30.12	120.72	771.07	5.83
2008	大豆	0~20	43.44	2.05	0.796	19.13	151.64	33.99	126.05	758.99	6.08
2008	大豆	0~20	44.16	2.13	0.810	19.73	156.32	27.14	129.69	711.59	5.98
2008	大豆	0~20	43.53	2.06	0.796	19.92	144.54	33.41	136.54	706.16	5.84
2008	大豆	0~20	43.89	2.16	0.837	19.30	167.18	29.76	129.60	699.83	5.89
2008	大豆	0~20	43.35	2.07	0.837	20.23	156.50	33.41	123.47	721.95	5.81
2008	大豆	0~20	41.64	2.00	0.806	19.65	155.01	27.94	123.65	708.29	5.82
2008	大豆	0~20	43.71	2.11	0.850	20.04	157.06	32.72	114.59	718.90	5.89
2008	大豆	0~20	42.45	2.10	0.805	19.85	163.23	31.57	129.20	740.88	5.82
2008	大豆	0~20	43.80	2.02	0.808	19.05	145.66	29.70	122.14	679.25	5.86
2008	大豆	0~20	42.81	2.10	0.845	18.99	151.27	32.99	117.70	752.22	5.86
2008	大豆	0~20	43.15	2.09	0.786	19.41	154.41	32.43	121.83	726.82	5.83

表 4-66 辅助观测场长期采样地（秸秆还田区）土壤养分

土壤类型：黑垆土　　母质：黄土

年份	作物	采样深度 (cm)	土壤有机质 (g/kg)	全氮 (g/kg)	全磷 (g/kg)	全钾 (g/kg)	速效氮 (mg/kg)	有效磷 (mg/kg)	速效钾 (mg/kg)	缓效钾 (mg/kg)	水溶液提 pH
2004	大豆	0~10	46.46	2.41	0.68	18.43	173.68	31.45	161.84	—	5.35
2004	大豆	10~20	46.46	2.41	0.68	18.43	173.68	31.45	161.84	—	5.35
2004	大豆	0~10	46.62	2.27	0.73	19.43	177.94	33.51	159.36	—	5.27
2004	大豆	10~20	46.62	2.27	0.73	19.43	177.94	33.51	159.36	—	5.27
2004	大豆	0~10	45.22	2.27	0.72	19.18	169.29	29.24	163.42	—	5.19
2004	大豆	10~20	45.22	2.27	0.72	19.18	169.29	29.24	163.42	—	5.19
2004	大豆	0~10	45.12	2.19	0.74	20.51	171.37	26.43	162.68	—	5.31
2004	大豆	10~20	45.12	2.19	0.74	20.51	171.37	26.43	162.68	—	5.31
2004	大豆	0~10	45.70	2.41	0.71	18.76	174.23	31.82	158.92	—	5.39
2004	大豆	10~20	45.70	2.41	0.71	18.76	174.23	31.82	158.92	—	5.39
2004	大豆	0~10	46.29	2.44	0.69	20.51	176.11	28.39	164.57	—	5.24
2004	大豆	10~20	46.29	2.44	0.69	20.51	176.11	28.39	164.57	—	5.24
2005	玉米	0~20	44.5	2.13	—	—	153.4	40.82	135.9	719.1	5.72
2005	玉米	0~20	43.5	2.14	—	—	149.6	39.20	124.2	729.3	5.93
2005	玉米	0~20	44.0	2.18	—	—	159.7	45.52	120.5	692.5	5.80
2005	玉米	0~20	43.2	2.15	—	—	153.8	39.20	122.5	739.5	5.98
2005	玉米	0~20	45.4	2.30	—	—	177.7	37.87	110.5	756.0	5.60
2005	玉米	0~20	45.8	2.17	—	—	170.1	41.49	116.0	763.0	5.91
2005	玉米	0~20	46.0	2.18	—	—	163.9	33.10	115.3	736.2	5.99
2005	玉米	0~20	46.9	2.17	—	—	164.7	37.85	117.8	702.2	5.74
2005	玉米	0~20	46.9	2.26	—	—	167.8	36.38	113.7	738.3	5.89

（续）

年份	作物	采样深度 (cm)	土壤有机质 (g/kg)	全氮 (g/kg)	全磷 (g/kg)	全钾 (g/kg)	速效氮 (mg/kg)	有效磷 (mg/kg)	速效钾 (mg/kg)	缓效钾 (mg/kg)	水溶液提 pH
2005	玉米	0～20	47.0	2.35	—	—	158.2	48.12	119.8	740.7	5.82
2005	玉米	0～20	48.5	2.29	—	—	172.2	47.00	107.1	734.4	5.84
2005	玉米	0～20	47.2	2.33	—	—	164.7	47.74	107.2	766.3	5.83
2005	玉米	0～20	45.2	2.30	—	—	162.4	35.22	122.2	765.8	5.83
2005	玉米	0～20	44.4	2.23	—	—	151.7	40.45	124.3	741.7	5.88
2005	玉米	0～20	44.9	2.24	—	—	167.8	44.08	123.8	736.2	5.92
2005	玉米	0～20	45.4	2.32	—	—	159.9	37.92	115.5	715.0	6.02
2005	玉米	0～20	43.4	2.26	—	—	166.8	37.93	118.8	731.7	5.97
2005	玉米	0～20	44.4	2.17	—	—	157.4	40.63	124.8	701.2	5.99
2006	大豆	0～20	43.60	2.21	—	—	176.70	42.09	134.10	—	5.76
2006	大豆	0～20	45.10	2.27	—	—	159.65	41.62	125.80	—	5.81
2006	大豆	0～20	44.20	2.19	—	—	173.19	41.94	121.60	—	5.81
2006	大豆	0～20	45.20	2.21	—	—	173.44	39.72	132.70	—	5.73
2006	大豆	0～20	44.30	2.26	—	—	166.07	40.94	130.40	—	5.90
2006	大豆	0～20	44.80	2.16	—	—	165.67	39.95	129.80	—	5.97
2007	玉米	0～20	46.81	2.23	0.805	20.17	166.02	36.28	112.22	688.37	5.95
2007	玉米	0～20	44.41	2.10	0.797	20.09	152.06	40.71	134.13	767.52	5.78
2007	玉米	0～20	44.81	2.21	0.858	19.89	166.39	43.97	122.19	687.38	5.99
2007	玉米	0～20	43.11	2.12	0.819	20.41	152.48	39.10	120.91	725.97	6.05
2007	玉米	0～20	44.31	2.14	0.760	20.86	156.01	40.52	123.18	695.40	5.93
2007	玉米	0～20	45.71	2.14	0.860	19.97	168.68	37.33	114.49	776.32	5.97
2007	玉米	0～20	45.11	2.27	0.809	18.46	160.99	31.69	120.61	693.42	5.89
2007	玉米	0～20	43.41	2.11	0.785	18.46	148.32	39.10	122.59	734.38	6.00
2007	玉米	0～20	47.48	2.26	0.769	20.78	170.76	46.88	105.71	733.98	5.90
2007	玉米	0～20	44.53	2.16	0.797	21.13	162.45	29.78	113.80	707.66	6.06
2007	玉米	0～20	43.91	2.16	0.805	21.21	158.29	45.41	118.93	735.17	5.86
2007	玉米	0～20	46.72	2.30	0.775	20.65	163.28	47.62	105.81	701.43	5.89
2007	玉米	0～20	45.31	2.29	0.817	19.89	158.50	37.82	114.00	709.94	6.08
2007	玉米	0～20	46.91	2.32	0.846	20.83	156.84	48.00	118.24	691.93	5.88
2007	玉米	0～20	44.31	2.20	0.848	20.55	150.40	44.54	122.69	697.77	5.94
2007	玉米	0～20	45.31	2.27	0.858	19.82	176.16	37.77	109.06	735.46	5.66
2007	玉米	0～20	43.31	2.23	0.839	21.06	165.36	37.83	117.26	705.49	6.04
2007	玉米	0～20	46.81	2.14	0.819	21.00	163.28	37.75	116.27	742.88	5.80
2008	大豆	0～20	46.07	2.25	0.827	19.38	177.15	37.94	131.02	731.07	6.00
2008	大豆	0～20	46.43	2.35	0.832	19.20	160.06	39.87	115.27	698.94	5.99
2008	大豆	0～20	44.90	2.27	0.757	19.67	167.53	39.49	110.12	733.67	6.04
2008	大豆	0～20	45.98	2.29	0.754	20.07	150.71	40.77	121.16	706.16	6.14
2008	大豆	0～20	47.24	2.29	0.884	19.28	162.11	37.90	123.34	778.99	5.97
2008	大豆	0～20	46.70	2.41	0.839	17.91	155.19	37.82	118.85	704.38	5.90
2008	大豆	0～20	45.17	2.26	0.817	17.91	163.79	39.49	120.63	741.24	6.00
2008	大豆	0～20	45.83	2.39	0.712	20.00	163.98	46.49	115.44	720.88	6.11
2008	大豆	0～20	46.17	2.30	0.827	20.32	156.50	41.10	112.72	717.20	6.25
2008	大豆	0～20	45.62	2.30	0.834	20.39	152.76	45.17	137.34	741.95	5.88
2008	大豆	0～20	48.15	2.43	0.808	19.88	167.25	40.55	105.53	711.59	6.00
2008	大豆	0～20	46.88	2.42	0.846	19.20	152.95	38.34	112.90	699.25	6.07
2008	大豆	0～20	46.32	2.45	0.802	20.05	151.46	47.50	116.72	703.04	5.90

（续）

年份	作物	采样深度 (cm)	土壤有机质 (g/kg)	全氮 (g/kg)	全磷 (g/kg)	全钾 (g/kg)	速效氮 (mg/kg)	有效磷 (mg/kg)	速效钾 (mg/kg)	缓效钾 (mg/kg)	水溶液提 pH
2008	大豆	0~20	45.98	2.34	0.873	19.80	175.66	44.38	120.72	678.29	5.95
2008	大豆	0~20	46.88	2.40	0.882	19.14	168.84	40.29	114.46	742.22	5.70
2008	大豆	0~20	45.08	2.37	0.825	20.25	159.12	40.35	119.83	675.24	6.03
2008	大豆	0~20	48.23	2.29	0.807	20.20	177.25	38.28	114.94	758.90	5.82
2008	大豆	0~20	46.71	2.34	0.783	19.56	155.11	40.40	115.91	726.82	5.93

表 4-67　胜利村 67 号地站区调查点长期采样地土壤养分

土壤类型：黑垆土　　母质：黄土

年份	作物	采样深度 (cm)	土壤有机质 (g/kg)	全氮 (g/kg)	全磷 (g/kg)	全钾 (g/kg)	速效氮 (mg/kg)	有效磷 (mg/kg)	速效钾 (mg/kg)	缓效钾 (mg/kg)	水溶液提 pH
2004	大豆	0~10	48.93	2.57	0.80	21.42	196.68	32.82	196.37	—	5.84
2004	大豆	10~20	48.93	2.57	0.80	21.42	196.68	32.82	196.37	—	5.84
2005	大豆	0~20	48.21	2.51	—	—	189.57	31.89	196.37	937.8	6.23
2006	大豆	0~20	47.60	2.41	—	—	183.20	32.40	189.40	—	6.24
2007	玉米	0~20	47.20	2.46	0.773	19.72	185.61	31.22	192.27	918.21	6.10
2007	玉米	0~20	49.31	2.57	0.807	20.60	193.88	32.62	200.84	959.13	6.37
2007	玉米	0~20	48.42	2.52	0.793	20.23	190.40	32.03	197.23	941.89	6.26
2008	大豆	0~20	45.16	2.43	0.861	19.65	188.38	30.23	191.32	923.45	5.69
2008	大豆	0~20	49.43	2.55	0.787	19.20	199.24	32.27	197.35	902.13	6.00
2008	大豆	0~20	48.29	2.54	0.821	18.58	182.35	31.25	190.24	911.23	6.07

表 4-68　胜利村 76 号地站区调查点长期采样地土壤养分

土壤类型：黑垆土　　母质：黄土

年份	作物	采样深度 (cm)	土壤有机质 (g/kg)	全氮 (g/kg)	全磷 (g/kg)	全钾 (g/kg)	速效氮 (mg/kg)	有效磷 (mg/kg)	速效钾 (mg/kg)	缓效钾 (mg/kg)	水溶液提 pH
2004	玉米	0~10	58.20	2.87	0.76	17.93	189.43	32.32	187.85	—	5.73
2004	玉米	10~20	58.20	2.87	0.76	17.93	189.43	32.32	187.85	—	5.73
2005	玉米	0~20	47.79	2.81	—	—	180.41	30.08	179.87	883.6	6.47
2006	玉米	0~20	46.90	2.71	—	—	180.10	31.40	179.90	—	6.53
2007	大豆	0~20	46.79	2.75	0.797	19.75	176.64	29.45	176.11	865.15	6.33
2007	大豆	0~20	48.88	2.87	0.833	20.63	184.51	30.76	183.96	903.70	6.62
2007	大豆	0~20	48.00	2.82	0.818	20.26	181.20	30.21	180.65	887.45	6.50
2008	玉米	0~20	48.09	2.75	0.859	19.87	206.36	28.99	175.87	853.63	6.36
2008	玉米	0~20	49.30	2.70	0.796	19.54	173.38	27.49	167.89	879.01	6.45
2008	玉米	0~20	49.20	2.89	0.794	19.49	173.01	27.43	167.52	877.19	6.44

表 4-69　光荣村站区调查点长期采样地土壤养分

土壤类型：黑垆土　　母质：黄土

年份	作物	采样深度 (cm)	土壤有机质 (g/kg)	全氮 (g/kg)	全磷 (g/kg)	全钾 (g/kg)	速效氮 (mg/kg)	有效磷 (mg/kg)	速效钾 (mg/kg)	缓效钾 (mg/kg)	水溶液提 pH
2004	大豆	0~10	23.41	1.51	0.52	23.33	98.74	13.56	120.37	—	5.19
2004	大豆	10~20	23.41	1.51	0.52	23.33	98.74	13.56	120.37	—	5.19
2005	大豆	0~20	23.68	1.49	—	—	91.63	12.68	118.37	819.2	6.38
2006	大豆	0~20	23.16	1.49	—	—	89.20	12.71	116.80	—	6.41

（续）

年份	作物	采样深度 (cm)	土壤有机质 (g/kg)	全氮 (g/kg)	全磷 (g/kg)	全钾 (g/kg)	速效氮 (mg/kg)	有效磷 (mg/kg)	速效钾 (mg/kg)	缓效钾 (mg/kg)	水溶液提 pH
2007	大豆	0～20	46.47	2.73	0.792	19.62	175.45	29.25	174.92	859.28	6.29
2007	大豆	0～20	49.99	2.94	0.852	21.10	188.71	31.46	188.15	924.26	6.77
2007	大豆	0～20	48.15	2.83	0.820	20.33	181.78	30.31	181.24	890.33	6.52
2008	大豆	0～20	49.09	2.81	0.877	20.29	210.14	29.62	179.63	872.13	6.49
2008	大豆	0～20	49.44	2.71	0.798	19.59	173.91	27.58	168.42	881.60	6.47
2008	大豆	0～20	49.49	2.91	0.799	19.61	174.08	27.61	168.59	882.46	6.47

4.2.3　土壤矿质全量

4.2.3.1　综合观测场

表 4－70　综合观测场土壤矿质全量

土壤类型：黑土　　母质：黄土

年份	作物	采样深度 (cm)	SiO_2 (%)	Fe_2O_3 (%)	MnO (%)	TiO_2 (%)	Al_2O_3 (%)	S (g/kg)	CaO (%)	MgO (%)	K_2O (%)	Na_2O (%)
2002	小麦	0～20	64.39	3.853	0.041	0.401	14.97	0.021	1.05	1.54	2.518	2.04
2002	小麦	20～40	66.78	3.930	0.042	0.397	16.21	0.012	1.11	1.36	2.554	2.00
2002	小麦	0～20	64.23	4.009	0.043	0.385	14.82	0.019	1.23	1.47	2.481	2.15
2002	小麦	20～40	65.64	4.089	0.045	0.411	15.93	0.011	1.16	1.51	2.578	1.76
2002	小麦	0～20	64.96	4.171	0.046	0.405	14.25	0.025	1.01	1.33	2.566	2.21
2002	小麦	20～40	66.21	4.254	0.047	0.386	15.68	0.009	1.20	1.42	2.433	1.94
2002	小麦	0～20	65.54	4.708	0.048	0.391	14.97	0.024	1.09	1.45	2.614	2.11
2002	小麦	20～40	66.89	4.571	0.047	0.394	16.54	0.010	1.11	1.49	2.506	1.88
2002	小麦	0～20	65.67	4.095	0.046	0.403	14.96	0.026	1.18	1.38	2.590	2.26
2002	小麦	20～40	66.97	3.882	0.035	0.387	17.37	0.007	1.15	1.41	2.481	1.93
2002	小麦	0～20	65.58	3.903	0.039	0.392	14.12	0.020	1.19	1.46	2.602	2.24
2002	小麦	20～40	66.73	3.688	0.039	0.403	16.68	0.008	1.17	1.39	2.494	1.85

4.2.4　土壤微量元素和重金属元素

4.2.4.1　综合观测场

表 4－71　综合观测场土壤微量元素和重金属元素

土壤类型：黑土　　母质：黄土　　　　单位：mg/kg

年份	作物	采样深度	全硼	全钼	全锰	全锌	全铜	全铁
2001	大豆	0～20	—	—	315.4	48.7	22.4	13 475.0
2001	大豆	0～21	—	—	324.9	49.2	23.6	13 744.5
2001	大豆	0～22	—	—	334.6	49.7	24.1	14 019.4
2001	大豆	0～23	—	—	344.7	50.2	22.5	14 299.8
2001	大豆	0～24	—	—	355.0	50.7	23.2	14 585.8
2001	大豆	0～25	—	—	365.6	51.2	20.9	14 877.5
2001	大豆	0～26	—	—	372.1	50.1	20.2	16 463.0
2001	大豆	0～27	—	—	367.5	50.6	22.6	15 987.0
2001	大豆	0～28	—	—	356.2	51.1	23.5	14 321.0
2001	大豆	0～29	—	—	274.4	49.9	22.6	13 576.0

（续）

年份	作物	采样深度	全硼	全钼	全锰	全锌	全铜	全铁
2001	大豆	0～30	—	—	298.7	50.1	23.5	13 651.0
2001	大豆	0～31	—	—	305.8	49.5	25.1	12 896.0
2001	大豆	0～32	—	—	298.4	47.4	20.8	12 550.0
2001	大豆	0～33	—	—	301.2	48.7	22.4	13 983.0
2002	小麦	0～20	41.0	4.5	315.4	48.7	22.4	13 475.0
2002	小麦	20～40	42.0	3.5	324.9	49.2	23.6	13 744.5
2002	小麦	0～20	42.0	5.0	334.6	49.7	24.1	14 019.4
2002	小麦	20～40	41.0	3.5	344.7	50.2	22.5	14 299.8
2002	小麦	0～20	43.0	4.5	355.0	50.7	23.2	14 585.8
2002	小麦	20～40	40.0	4.0	365.6	51.2	20.9	14 877.5
2002	小麦	0～20	43.0	5.0	372.1	50.1	20.2	16 463.0
2002	小麦	20～40	41.0	4.5	367.5	50.6	22.6	15 987.0
2002	小麦	0～20	42.0	5.0	356.2	51.1	23.5	14 321.0
2002	小麦	20～40	43.0	3.5	274.4	49.9	22.6	13 576.0
2002	小麦	0～20	43.0	3.5	298.7	50.1	23.5	13 651.0
2002	小麦	20～40	41.0	3.0	305.8	49.5	25.1	12 896.0

4.2.5 硝态氮和铵态氮

4.2.5.1 综合观测场

表 4－72 综合观测场硝态氮和铵态氮

土壤类型：黑土　　母质：黄土

年份	月份	作物	采样深度（cm）	硝态氮（mg/kg）	铵态氮（mg/kg）
2000	10	玉米	0～15	12.10	18.55
2000	10	玉米	15～30	11.54	7.69
2000	10	玉米	30～60	8.27	16.54
2000	10	玉米	60～90	4.26	6.78
2000	10	玉米	0～15	9.45	23.63
2000	10	玉米	15～30	8.27	8.27
2000	10	玉米	30～60	11.42	8.48
2000	10	玉米	60～90	4.24	8.96
2000	10	玉米	0～15	15.21	22.81
2000	10	玉米	15～30	16.33	8.17
2000	10	玉米	30～60	12.25	12.25
2000	10	玉米	60～90	8.48	8.48
2000	10	玉米	0～15	7.88	31.50
2000	10	玉米	15～30	8.17	12.25
2000	10	玉米	30～60	15.21	16.75
2000	10	玉米	60～90	8.37	8.37
2000	10	玉米	0～15	7.88	15.75
2000	10	玉米	15～30	11.95	15.25
2000	10	玉米	30～60	12.25	12.25
2000	10	玉米	60～90	8.48	8.48
2000	10	玉米	0～15	10.49	16.13
2000	10	玉米	15～30	8.07	8.07
2000	10	玉米	30～60	12.25	12.25

（续）

年份	月份	作物	采样深度（cm）	硝态氮（mg/kg）	铵态氮（mg/kg）
2000	10	玉米	60～90	12.72	12.72
2002	10	小麦	0～15	13.50	19.75
2002	10	小麦	15～30	12.42	8.41
2002	10	小麦	30～60	9.11	15.59
2002	10	小麦	60～90	4.98	6.54
2002	10	小麦	0～15	11.02	22.55
2002	10	小麦	15～30	10.39	9.36
2002	10	小麦	30～60	10.34	11.53
2002	10	小麦	60～90	4.85	8.39
2002	10	小麦	0～15	14.43	19.77
2002	10	小麦	15～30	15.67	9.25
2002	10	小麦	30～60	11.31	12.98
2002	10	小麦	60～90	6.45	7.64
2002	10	小麦	0～15	10.53	25.34
2002	10	小麦	15～30	11.17	13.28
2002	10	小麦	30～60	14.52	16.11
2002	10	小麦	60～90	5.71	9.26
2002	10	小麦	0～15	9.84	15.17
2002	10	小麦	15～30	12.21	8.92
2002	10	小麦	30～60	11.43	13.75
2002	10	小麦	60～90	5.14	7.37
2002	10	小麦	0～15	12.23	13.91
2002	10	小麦	15～30	11.12	9.30
2002	10	小麦	30～60	12.05	11.96
2002	10	小麦	60～90	4.92	6.27
2003	10	玉米	0～15	9.50	21.50
2003	10	玉米	15～30	11.30	10.30
2003	10	玉米	30～60	12.70	14.80
2003	10	玉米	60～90	7.90	7.50
2003	10	玉米	0～15	10.10	20.30
2003	10	玉米	15～30	11.90	9.80
2003	10	玉米	30～60	13.10	14.40
2003	10	玉米	60～90	8.30	7.10
2003	10	玉米	0～15	9.20	22.20
2003	10	玉米	15～30	11.20	11.10
2003	10	玉米	30～60	12.50	15.30
2003	10	玉米	60～90	7.60	8.10
2003	10	玉米	0～15	9.60	21.20
2003	10	玉米	15～30	11.50	10.90
2003	10	玉米	30～60	12.80	14.10
2003	10	玉米	60～90	7.80	7.60
2003	10	玉米	0～15	9.90	22.90
2003	10	玉米	15～30	12.30	10.10
2003	10	玉米	30～60	12.40	15.20
2003	10	玉米	60～90	8.20	7.40
2003	10	玉米	0～15	10.10	22.70
2003	10	玉米	15～30	11.30	10.80
2003	10	玉米	30～60	12.50	15.10
2003	10	玉米	60～90	8.10	8.20

4.2.6 土壤速效微量元素

4.2.6.1 综合观测场

表 4-73 综合观测场土壤速效微量元素

土壤类型：黑土　　母质：黄土

年份	作物	采样深度（cm）	有效铁（mg/kg），DTPA 浸提	有效铜（mg/kg），DTPA 浸提	有效钼（mg/kg）	有效硼（mg/kg）	有效锰（mg/kg）中性乙酸铵—对苯二酚浸提	有效锌（mg/kg）DPTA 浸提	有效硫（mg/kg）
2001	大豆	0～20	—	—	0.221	0.928	29.80	1.21	—
2001	大豆	0～20	—	—	0.228	0.933	30.20	1.26	—
2001	大豆	0～20	—	—	0.223	0.929	28.70	1.23	—
2002	小麦	0～20	227.00	3.60	0.221	0.932	45.60	1.30	—
2002	小麦	0～20	221.00	3.80	0.228	0.935	47.20	1.50	—
2002	小麦	0～20	229.00	4.10	0.223	0.930	44.70	1.30	—
2002	小麦	0～20	231.00	3.90	0.26	0.936	45.10	1.60	—
2002	小麦	0～20	226.00	3.80	0.25	0.934	46.30	1.40	—
2002	小麦	0～20	228.00	3.80	0.24	0.938	47.20	1.50	—
2003	玉米	0～20	225	3.7	0.24	0.92	45.5	1.4	—
2003	玉米	0～20	228	3.5	0.25	0.94	46.2	1.4	—
2003	玉米	0～20	220	3.9	0.25	0.93	45.9	1.4	—
2003	玉米	0～20	223	3.4	0.25	0.93	46.3	1.3	—
2003	玉米	0～20	231	3.3	0.24	0.93	46.8	1.4	—
2003	玉米	0～20	226	3.7	0.24	0.92	45.6	1.4	—
2005	玉米	0～20	37.1	2.35	0.221	—	119.2	1.14	25.4
2005	玉米	0～20	37.7	—	—	—	123.5	1.08	28.4
2005	玉米	0～20	36.0	—	—	—	—	1.18	26.6
2005	玉米	0～20	35.8	2.37	0.229	—	121.3	1.08	31.4
2005	玉米	0～20	39.5	—	—	—	—	1.15	30.7
2005	玉米	0～20	34.9	—	—	—	—	1.18	29.0
2005	玉米	0～20	40.9	2.27	0.228	—	125.2	1.17	26.4
2005	玉米	0～20	40.1	—	—	—	—	1.20	27.0
2005	玉米	0～20	41.0	—	—	—	—	1.11	25.4
2005	玉米	0～20	41.6	2.07	0.231	—	126.8	1.11	24.5
2005	玉米	0～20	39.1	—	—	—	—	1.14	22.9
2005	玉米	0～20	43.2	—	—	—	—	1.13	25.6
2005	玉米	0～20	39.9	2.11	0.224	—	118.7	1.04	20.0
2005	玉米	0～20	40.9	—	—	—	122.2	1.12	27.5
2005	玉米	0～20	44.3	—	—	—	—	1.07	23.6
2005	玉米	0～20	44.4	2.30	0.223	—	116.9	1.09	21.6
2005	玉米	0～20	40.1	—	—	—	—	1.07	20.7
2005	玉米	0～20	39.2	—	—	—	—	1.07	22.0

4.2.6.2 其他观测场

表 4-74 辅助观测场长期采样地（无肥区）土壤速效微量元素

土壤类型：黑土　　母质：黄土

年份	作物	采样深度（cm）	有效铁（mg/kg），DTPA 浸提	有效铜（mg/kg），DTPA 浸提	有效钼（mg/kg）	有效锰（mg/kg）中性乙酸铵—对苯二酚浸提	有效锌（mg/kg）DPTA 浸提	有效硫（mg/kg）
2005	玉米	0～20	41.7	2.05	0.223	119.7	1.10	21.7
2005	玉米	0～20	43.2	—	—	126.8	1.08	24.2
2005	玉米	0～20	42.1	—	—	—	1.10	26.4

（续）

年份	作物	采样深度（cm）	有效铁（mg/kg），DTPA浸提	有效铜（mg/kg），DTPA浸提	有效钼（mg/kg）	有效锰（mg/kg）中性乙酸铵—对苯二酚浸提	有效锌（mg/kg）DPTA浸提	有效硫（mg/kg）
2005	玉米	0～20	39.7	1.98	0.228	112.3	1.02	27.5
2005	玉米	0～20	37.6	—	—	—	1.01	23.3
2005	玉米	0～20	38.9	—	—	—	1.00	22.2
2005	玉米	0～20	39.2	2.10	0.232	121.3	1.07	27.6
2005	玉米	0～20	41.4	—	—	—	1.14	31.3
2005	玉米	0～20	42.1	—	—	—	1.12	28.0
2005	玉米	0～20	41.2	2.05	0.22	123.4	1.11	29.2
2005	玉米	0～20	41.6	—	—	—	1.12	31.6
2005	玉米	0～20	38.4	—	—	—	1.13	32.1
2005	玉米	0～20	44.4	1.95	0.218	120.1	1.09	21.3
2005	玉米	0～20	38.8	—	—	123.2	1.12	21.6
2005	玉米	0～20	40.4	—	—	—	1.10	23.8
2005	玉米	0～20	40.5	1.94	0.219	126.7	1.07	18.9
2005	玉米	0～20	38.9	—	—	—	1.12	20.8
2005	玉米	0～20	40.8	—	—	—	1.11	19.6

表 4-75 辅助观测场长期采样地（秸秆还田区）土壤速效微量元素

土壤类型：黑土　　母质：黄土

年份	作物	采样深度（cm）	有效铁（mg/kg），DTPA浸提	有效铜（mg/kg），DTPA浸提	有效钼（mg/kg）	有效锰（mg/kg）中性乙酸铵—对苯二酚浸提	有效锌（mg/kg）DPTA浸提	有效硫（mg/kg）
2005	玉米	0～20	33.0	2.28	0.224	124.6	1.12	26.3
2005	玉米	0～20	34.6	—	—	133.4	1.09	24.7
2005	玉米	0～20	34.8	—	—	—	1.09	23.8
2005	玉米	0～20	36.0	2.30	0.231	118.4	1.12	23.6
2005	玉米	0～20	40.4	—	—	—	1.11	26.2
2005	玉米	0～20	42.2	—	—	—	1.00	26.8
2005	玉米	0～20	36.3	2.42	0.227	128.4	1.02	21.2
2005	玉米	0～20	41.2	—	—	—	1.11	22.0
2005	玉米	0～20	40.0	—	—	—	1.10	22.7
2005	玉米	0～20	40.1	2.22	0.229	114.4	1.10	24.9
2005	玉米	0～20	45.3	—	—	—	1.09	23.4
2005	玉米	0～20	43.3	—	—	—	1.09	21.6
2005	玉米	0～20	40.4	2.15	0.226	121.4	1.09	26.2
2005	玉米	0～20	39.8	—	—	117.9	1.09	27.6
2005	玉米	0～20	40.0	—	—	—	1.08	26.5
2005	玉米	0～20	43.5	1.98	0.228	113.8	1.11	28.4
2005	玉米	0～20	38.6	—	—	—	1.09	28.2
2005	玉米	0～20	40.4	—	—	—	1.07	28.3

表 4-76 站区调查点长期采样地（胜利 67 号）土壤速效微量元素

土壤类型：黑土　　母质：黄土

年份	作物	采样深度（cm）	有效铁（mg/kg），DTPA浸提	有效铜（mg/kg），DTPA浸提	有效钼（mg/kg）	有效锰（mg/kg）中性乙酸铵—对苯二酚浸提	有效锌（mg/kg）DPTA浸提	有效硫（mg/kg）
2005	大豆	0～20	39.7	2.38	0.202	118.2	1.08	26.4

表 4-77 站区调查点长期采样地（胜利 76 号）土壤速效微量元素

土壤类型：黑土　　母质：黄土

年份	作物	采样深度（cm）	有效铁（mg/kg），DTPA 浸提	有效铜（mg/kg），DTPA 浸提	有效钼（mg/kg）	有效锰（mg/kg）中性乙酸铵—对苯二酚浸提	有效锌（mg/kg）DPTA 浸提	有效硫（mg/kg）
2005	玉米	0～20	37.5	2.42	0.211	126.4	1.05	23.5

表 4-78 光荣村站区调查点长期采样地土壤速效微量元素

土壤类型：黑土　　母质：黄土

年份	作物	采样深度（cm）	有效铁（mg/kg），DTPA 浸提	有效铜（mg/kg），DTPA 浸提	有效钼（mg/kg）	有效锰（mg/kg）中性乙酸铵—对苯二酚浸提	有效锌（mg/kg）DPTA 浸提	有效硫（mg/kg）
2005	大豆	0～20	31.8	1.98	0.183	101.2	1.12	28.2

4.2.7 土壤机械组成

4.2.7.1 综合观测场

表 4-79 综合观测场土壤机械组成

土壤类型：黑土　　母质：黄土

年份	作物	采样深度（cm）	2～0.02mm 砂粒百分率	0.02～0.002mm 粉粒百分率	小于 0.002mm 黏粒百分率
2002	小麦	0～20	21.40	9.07	32.00
2002	小麦	20～50	19.80	5.11	31.00
2002	小麦	50～100	18.30	0.66	21.50
2002	小麦	100～160	19.60	0.34	21.00
2003	玉米	0～20	21.1	46.4	32.5
2003	玉米	20～50	19.5	49.1	31.4
2003	玉米	50～100	17.7	60.4	21.9
2003	玉米	100～160	18.9	50.1	31.0
2005	玉米	0～20	28.81	27.17	44.02
2005	玉米	0～20	29.09	28.06	42.86
2005	玉米	0～20	30.45	26.41	43.13
2005	玉米	0～20	30.64	27.73	41.64
2005	玉米	0～20	31.86	27.58	40.56
2005	玉米	0～20	30.85	27.13	42.03
2005	玉米	0～20	30.74	26.50	42.76
2005	玉米	0～20	29.55	26.68	43.77
2005	玉米	0～20	28.56	27.64	43.79
2005	玉米	0～20	30.41	27.60	41.99
2005	玉米	0～20	36.36	20.97	42.68
2005	玉米	0～20	30.91	26.55	42.54
2005	玉米	0～20	30.37	27.05	42.58
2005	玉米	0～20	29.65	27.95	42.40
2005	玉米	0～20	29.81	26.80	43.40
2005	玉米	0～20	30.88	27.03	42.09
2005	玉米	0～20	31.34	27.35	41.31
2005	玉米	0～20	30.75	26.94	42.31

（续）

年份	作物	采样深度（cm）	2～0.02mm 砂粒百分率	0.02～0.002mm 粉粒百分率	小于 0.002mm 黏粒百分率
2004	玉米	0～10	25.91	32.20	41.88
2004	玉米	10～20	25.91	32.20	41.88
2004	玉米	20～40	23.93	34.90	41.16
2004	玉米	40～60	21.73	36.41	41.86
2004	玉米	60～100	19.89	35.90	44.21
2004	大豆	0～10	24.19	32.95	42.86
2004	大豆	10～20	24.19	32.95	42.86
2004	大豆	20～40	22.16	35.72	42.12
2004	大豆	40～60	19.91	37.26	42.83
2004	大豆	60～100	18.03	36.73	45.24
2004	大豆	0～10	24.94	32.63	42.43
2004	大豆	10～20	24.94	32.63	42.43
2004	大豆	20～40	22.93	35.36	41.71
2004	大豆	40～60	20.70	36.89	42.41
2004	大豆	60～100	18.84	36.37	44.79

4.2.7.2　其他观测场

表 4-80　辅助观测场（无肥区）土壤机械组成

土壤类型：黑土　　母质：黄土

年份	作物	采样深度（cm）	2～0.02mm 砂粒百分率	0.02～0.002mm 粉粒百分率	小于 0.002mm 黏粒百分率
2005	玉米	0～20	28.84	28.09	43.07
2005	玉米	0～20	29.33	31.66	39.02
2005	玉米	0～20	29.07	26.99	43.93
2005	玉米	0～20	29.85	31.76	38.39
2005	玉米	0～20	36.21	20.55	43.24
2005	玉米	0～20	29.87	43.19	26.93
2005	玉米	0～20	29.29	28.22	42.49
2005	玉米	0～20	28.35	28.58	43.07
2005	玉米	0～20	29.72	27.41	42.86
2005	玉米	0～20	28.76	27.86	43.38
2005	玉米	0～20	27.61	30.39	42.01
2005	玉米	0～20	30.20	28.23	41.57
2005	玉米	0～20	30.00	28.15	41.86
2005	玉米	0～20	29.21	26.97	43.82
2005	玉米	0～20	28.74	28.33	42.94
2005	玉米	0～20	30.92	27.01	42.06
2005	玉米	0～20	30.90	28.90	40.20
2005	玉米	0～20	30.43	27.92	41.66
2004	玉米	0～10	24.92	32.97	42.11
2004	玉米	10～20	24.92	32.97	42.11
2004	玉米	20～40	24.88	33.84	41.28
2004	玉米	40～60	23.79	35.02	41.18
2004	玉米	60～100	19.75	36.48	43.77

表 4-81 辅助观测场（秸秆还田区）土壤机械组成

土壤类型：黑土　　母质：黄土

年份	作物	采样深度（cm）	2～0.02mm 砂粒百分率	0.02～0.002mm 粉粒百分率	小于 0.002mm 黏粒百分率
2005	玉米	0～20	28.76	27.94	43.31
2005	玉米	0～20	28.67	27.67	43.65
2005	玉米	0～20	29.01	28.25	42.74
2005	玉米	0～20	31.07	27.91	41.01
2005	玉米	0～20	28.01	28.98	43.01
2005	玉米	0～20	29.50	28.77	41.73
2005	玉米	0～20	29.18	27.05	43.77
2005	玉米	0～20	27.51	28.67	43.82
2005	玉米	0～20	28.91	28.21	42.88
2005	玉米	0～20	27.65	29.94	42.41
2005	玉米	0～20	30.40	28.50	41.10
2005	玉米	0～20	30.66	38.52	30.81
2005	玉米	0～20	28.65	28.26	43.09
2005	玉米	0～20	27.21	28.85	43.93
2005	玉米	0～20	28.62	27.87	43.52
2005	玉米	0～20	24.65	30.36	44.98
2005	玉米	0～20	29.85	27.95	42.20
2005	玉米	0～20	30.01	28.17	41.82
2004	玉米	0～10	25.57	31.67	42.76
2004	玉米	10～20	25.57	31.67	42.76
2004	玉米	20～40	24.04	33.16	42.80
2004	玉米	40～60	20.38	36.19	43.43
2004	玉米	60～100	18.55	36.79	44.66

表 4-82 胜利村 67 号地站区调查点土壤机械组成

土壤类型：黑土　　母质：黄土

年份	作物	采样深度（cm）	2～0.02mm 砂粒百分率	0.02～0.002mm 粉粒百分率	小于 0.002mm 黏粒百分率
2004	大豆	0～10	21.33	31.79	46.88
2004	大豆	10～20	21.33	31.79	46.88
2004	大豆	20～40	19.64	33.69	46.67
2004	大豆	40～60	22.01	31.97	46.01
2004	大豆	60～100	19.43	35.70	44.88

表 4-83 胜利村 76 号地站区调查点土壤机械组成

土壤类型：黑土　　母质：黄土

年份	作物	采样深度（cm）	2～0.02mm 砂粒百分率	0.02～0.002mm 粉粒百分率	小于 0.002mm 黏粒百分率
2004	玉米	0～10	28.04	29.53	42.44
2004	玉米	10～20	28.04	29.53	42.44
2004	玉米	20～40	21.04	34.22	44.74
2004	玉米	40～60	21.06	32.20	46.74
2004	玉米	60～100	20.84	33.98	45.18

表 4-84　光荣村站区调查点土壤机械组成

土壤类型：黑土　　母质：黄土

年份	作物	采样深度（cm）	2～0.02mm 砂粒百分率	0.02～0.002mm 粉粒百分率	小于 0.002mm 黏粒百分率
2004	大豆	0～10	25.73	26.82	47.45
2004	大豆	10～20	25.73	26.82	47.45
2004	大豆	20～40	24.71	27.84	47.45
2004	大豆	40～60	22.56	27.77	49.67
2004	大豆	60～100	24.34	29.00	46.66

4.2.8　土壤容重

4.2.8.1　综合观测场

表 4-85　综合观测场土壤容重

土壤类型：黑土　　母质：黄土

年份	作物	采样深度（cm）	土壤容重平均值（g/cm^3）	均方差	样本数
2001	大豆	0～15	1.07	0.06	6
2001	大豆	15～30	1.23	0.04	6
2001	大豆	30～50	1.33	0.05	6
2001	大豆	50～70	1.45	0.02	6
2001	大豆	70～90	1.46	0.07	6
2002	小麦	0～15	1.07	0.06	6
2002	小麦	15～30	1.23	0.04	6
2002	小麦	30～50	1.33	0.05	6
2002	小麦	50～70	1.45	0.02	6
2002	小麦	70～90	1.46	0.07	6
2003	玉米	0～15	1.08	0.01	6
2003	玉米	15～30	1.19	0.02	6
2003	玉米	30～50	1.30	0.02	6
2003	玉米	50～70	1.42	0.03	6
2003	玉米	70～90	1.44	0.01	6
2004	玉米	0～10	0.93	0.02	5
2004	玉米	10～20	1.27	0.03	5
2004	玉米	20～40	1.24	0.02	5
2004	玉米	40～60	1.31	0.02	5
2004	玉米	60～100	1.24	0.03	5
2004	大豆	0～10	0.97	0.01	5
2004	大豆	10～20	1.29	0.02	5
2004	大豆	20～40	1.23	0.03	5
2004	大豆	40～60	1.29	0.02	5
2004	大豆	60～100	1.24	0.02	5
2004	大豆	0～10	0.99	0.02	5
2004	大豆	10～20	1.28	0.02	5
2004	大豆	20～40	1.24	0.01	5
2004	大豆	40～60	1.31	0.03	5
2004	大豆	60～100	1.23	0.03	5
2005	玉米	0～20	0.99	0.02	5
2005	玉米	0～20	0.95	0.03	5

（续）

年份	作物	采样深度（cm）	土壤容重平均值（g/cm³）	均方差	样本数
2005	玉米	0～20	0.99	0.01	5
2005	玉米	0～20	1.06	0.04	5
2005	玉米	0～20	1.03	0.03	5
2005	玉米	0～20	0.99	0.01	5
2005	玉米	0～20	0.95	0.02	5
2005	玉米	0～20	0.99	0.02	5
2005	玉米	0～20	0.94	0.03	5
2005	玉米	0～20	0.96	0.01	5
2005	玉米	0～20	1.02	0.02	5
2005	玉米	0～20	0.94	0.03	5
2005	玉米	0～20	0.98	0.02	5
2005	玉米	0～20	0.97	0.01	5
2005	玉米	0～20	0.96	0.01	5
2005	玉米	0～20	0.99	0.01	5
2005	玉米	0～20	0.94	0.02	5
2005	玉米	0～20	0.94	0.02	5
2007	玉米	0～20	1.05	0.02	3
2007	玉米	0～20	1.02	0.02	3
2007	玉米	0～20	0.94	0.01	3
2007	玉米	0～20	0.94	0.01	3
2007	玉米	0～20	0.98	0.02	3
2007	玉米	0～20	1.01	0.03	3
2007	玉米	0～20	0.97	0.01	3
2007	玉米	0～20	0.98	0.02	3
2007	玉米	0～20	0.93	0.03	3
2007	玉米	0～20	0.98	0.01	3
2007	玉米	0～20	0.93	0.03	3
2007	玉米	0～20	0.95	0.01	3
2007	玉米	0～20	0.93	0.02	3
2007	玉米	0～20	0.98	0.01	3
2007	玉米	0～20	0.96	0.03	3
2007	玉米	0～20	0.96	0.01	3
2007	玉米	0～20	0.95	0.02	3
2007	玉米	0～20	0.96	0.01	3

4.2.8.2 其他观测场

表 4-86 辅助观测场土壤生物采样地（空白）土壤容重

土壤类型：黑土　　母质：黄土

年份	作物	采样深度（cm）	土壤容重平均值（g/cm³）	均方差	样本数
2004	大豆	0～10	1.01	0.03	5
2004	大豆	10～20	1.26	0.02	5
2004	大豆	20～40	1.25	0.03	5
2004	大豆	40～60	1.32	0.01	5
2004	大豆	60～100	1.29	0.02	5
2005	玉米	0～20	0.98	0.02	5
2005	玉米	0～20	1.01	0.03	5
2005	玉米	0～20	0.99	0.01	5

（续）

年份	作物	采样深度（cm）	土壤容重平均值（g/cm³）	均方差	样本数
2005	玉米	0～20	0.95	0.02	5
2005	玉米	0～20	0.96	0.03	5
2005	玉米	0～20	0.94	0.01	5
2005	玉米	0～20	1.03	0.01	5
2005	玉米	0～20	0.94	0.02	5
2005	玉米	0～20	0.99	0.01	5
2005	玉米	0～20	0.98	0.03	5
2005	玉米	0～20	0.99	0.01	5
2005	玉米	0～20	1.06	0.02	5
2005	玉米	0～20	1.02	0.02	5
2005	玉米	0～20	0.96	0.03	5
2005	玉米	0～20	0.94	0.01	5
2005	玉米	0～20	0.98	0.02	5
2005	玉米	0～20	0.98	0.02	5
2005	玉米	0～20	0.97	0.01	5
2007	玉米	0～20	1.00	0.02	3
2007	玉米	0～20	0.98	0.01	3
2007	玉米	0～20	0.99	0.04	3
2007	玉米	0～20	1.00	0.06	3
2007	玉米	0～20	0.99	0.05	3
2007	玉米	0～20	0.98	0.03	3
2007	玉米	0～20	0.96	0.02	3
2007	玉米	0～20	0.98	0.01	3
2007	玉米	0～20	0.96	0.02	3
2007	玉米	0～20	0.97	0.04	3
2007	玉米	0～20	0.97	0.02	3
2007	玉米	0～20	0.96	0.03	3
2007	玉米	0～20	1.02	0.08	3
2007	玉米	0～20	1.01	0.03	3
2007	玉米	0～20	0.96	0.01	3
2007	玉米	0～20	0.95	0.01	3
2007	玉米	0～20	0.99	0.01	3
2007	玉米	0～20	0.97	0.03	3

表 4-87　辅助观测场土壤生物采样地（秸秆还田）土壤容重

土壤类型：黑土　　母质：黄土

年份	作物	采样深度（cm）	土壤容重平均值（g/cm³）	均方差	样本数
2004	玉米	0～10	1.04	0.01	5
2004	玉米	10～20	1.31	0.02	5
2004	玉米	20～40	1.23	0.02	5
2004	玉米	40～60	1.30	0.01	5
2004	玉米	60～100	1.22	0.03	5
2005	玉米	0～20	0.99	0.02	5
2005	玉米	0～20	0.98	0.01	5
2005	玉米	0～20	0.99	0.02	5
2005	玉米	0～20	0.97	0.03	5

（续）

年份	作物	采样深度（cm）	土壤容重平均值（g/cm³）	均方差	样本数
2005	玉米	0～20	1.04	0.01	5
2005	玉米	0～20	0.96	0.01	5
2005	玉米	0～20	0.98	0.02	5
2005	玉米	0～20	0.98	0.01	5
2005	玉米	0～20	0.99	0.03	5
2005	玉米	0～20	1.03	0.04	5
2005	玉米	0～20	0.99	0.02	5
2005	玉米	0～20	0.98	0.03	5
2005	玉米	0～20	0.99	0.05	5
2005	玉米	0～20	0.95	0.01	5
2005	玉米	0～20	0.96	0.02	5
2005	玉米	0～20	1.00	0.02	5
2005	玉米	0～20	0.97	0.03	5
2005	玉米	0～20	0.99	0.01	5
2007	玉米	0～20	0.98	0.01	3
2007	玉米	0～20	1.00	0.02	3
2007	玉米	0～20	1.01	0.03	3
2007	玉米	0～20	0.96	0.01	3
2007	玉米	0～20	0.99	0.05	3
2007	玉米	0～20	0.95	0.01	3
2007	玉米	0～20	0.99	0.01	3
2007	玉米	0～20	0.95	0.02	3
2007	玉米	0～20	0.99	0.00	3
2007	玉米	0～20	1.00	0.03	3
2007	玉米	0～20	0.98	0.01	3
2007	玉米	0～20	1.03	0.05	3
2007	玉米	0～20	1.01	0.02	3
2007	玉米	0～20	0.96	0.01	3
2007	玉米	0～20	0.95	0.01	3
2007	玉米	0～20	0.99	0.02	3
2007	玉米	0～20	0.98	0.01	3
2007	玉米	0～20	0.99	0.00	3

表 4-88　胜利村 67 号地站区调查点土壤生物采样地土壤容重

土壤类型：黑土　　母质：黄土

年份	作物	采样深度（cm）	土壤容重平均值（g/cm³）	均方差	样本数
2004	大豆	0～10	1.07	0.02	5
2004	大豆	10～20	1.31	0.02	5
2004	大豆	20～40	1.32	0.03	5
2004	大豆	40～60	1.30	0.02	5
2004	大豆	60～100	1.34	0.01	5
2007	玉米	0～20	1.03	0.03	3
2007	玉米	0～20	1.06	0.02	3
2007	玉米	0～20	1.03	0.01	3

表 4-89　胜利村 76 号地站区调查点土壤生物采样地土壤容重

土壤类型：黑土　　母质：黄土

年份	作物	采样深度（cm）	土壤容重平均值（g/cm^3）	均方差	样本数
2004	玉米	0～10	1.16	0.02	5
2004	玉米	10～20	1.27	0.03	5
2004	玉米	20～40	1.20	0.02	5
2004	玉米	40～60	1.20	0.01	5
2004	玉米	60～100	1.23	0.02	5
2007	大豆	0～20	1.10	0.06	3
2007	大豆	0～20	1.08	0.01	3
2007	大豆	0～20	1.13	0.02	3

表 4-90　光荣村站区调查点土壤生物采样地土壤容重

土壤类型：黑土　　母质：黄土

年份	作物	采样深度（cm）	土壤容重平均值（g/cm^3）	均方差	样本数
2004	大豆	0～10	1.12	0.04	5
2004	大豆	10～20	1.53	0.02	5
2004	大豆	20～40	1.48	0.01	5
2004	大豆	40～60	1.62	0.01	5
2004	大豆	60～100	1.56	0.03	5
2007	大豆	0～20	1.09	0.03	3
2007	大豆	0～20	1.09	0.02	3
2007	大豆	0～20	1.11	0.01	3

4.2.9　土壤理化分析方法

表 4-91　土壤分析方法的引用标准和参考文献

项目	方　法	引用标准	参考文献
有机质	重铬酸钾氧化法	LY/T1237—1999（GB7857—87）	《土壤理化分析与剖面描述》P.166
全氮	半微量凯式法	NY/T53—87（GB7173—87）	《土壤理化分析与剖面描述》P.123
碱解氮	碱扩散法	LY/T 1229—1999（GB/T 7849—87）	
全磷	氢氧化钠碱熔—钼锑抗比色法	LY/T1232—1999（GB7852—87）	《土壤理化分析与剖面描述》P.154
速效磷	碳酸氢钠浸提—钼锑抗比色法（农田、荒漠、沼泽、草地站）	LY/T 1233—1999（GB7853—87）	《土壤理化分析与剖面描述》P.157
全钾	氢氧化钠碱熔—原子吸收	LY/T 1234—1999（GB7854—87）	《土壤理化分析与剖面描述》P.160
速效钾	乙酸铵浸提—火焰光度法	LY/T 1236—1999（GB7856—87）	《土壤理化分析与剖面描述》P.164
缓效钾	硝酸浸提—火焰光度法	LY/T 1235—1999（GB7855—87）	《土壤理化分析与剖面描述》P.162
全硫	燃烧碘量法	LY/T1255—1999（GB7875—87）	《土壤理化分析与剖面描述》P.240
有效硫	氯化钙浸提（碱性、中性土壤）；磷酸盐浸提（酸性土壤）比浊法	LY/T 1265—1999	《土壤理化分析与剖面描述》P.41
pH	电位法	LY/T 1239—1999（GB7859—87）	《土壤理化分析与剖面描述》P.171
阳离子交换量	乙酸铵交换法；	LY/T 1243—1999（GB7863—87）	《土壤理化分析与剖面描述》P.179
交换性钙、镁（酸性、中性土）	乙酸铵交换—原子吸收法	LY/T 1245—1999（GB7865—87）	《土壤理化分析与剖面描述》P.185
交换性钾、钠	乙酸铵交换—火焰光度法	LY/T1246—1999（GB7866—87）	《土壤理化分析与剖面描述》P.188

（续）

项目	方　法	引用标准	参考文献
硼	磷酸—硝酸—氢氟酸—高氯酸消煮 ICP—AES 法		《土壤农业化学分析方法》P. 221
	碳酸钠熔融—姜黄素比色法		《土壤理化分析与剖面描述》P. 53
	碳酸钠熔融甲亚胺—H 比色法		《土壤理化分析与剖面描述》P. 54
锰	硝酸—氢氟酸—高氯酸消煮火焰原子吸收分光光度法		《土壤农业化学分析方法》P. 209
	硝酸—氢氟酸—高氯酸消煮 ICP—AES 法		《土壤农业化学分析方法》P. 224
钼	氢氟酸—高氯酸—硝酸消煮石墨炉原子吸收分光光度法		《土壤理化分析与剖面描述》P. 56
	氢氟酸—高氯酸—硝酸消煮 ICP—AES 法		《土壤农业化学分析方法》P. 224
铁	硝酸—氢氟酸—高氯酸消煮火焰原子吸收分光光度法		《土壤理化分析与剖面描述》P. 68
	硝酸—氢氟酸—高氯酸消煮 ICP—AES 法		《土壤农业化学分析方法》P. 224
铜	盐酸—硝酸—氢氟酸—高氯酸消煮火焰原子吸收分光光度法	GB/T17138—1997	
	硝酸—氢氟酸—高氯酸消煮 ICP—AES 法		《土壤农业化学分析方法》P. 224
锌	盐酸—硝酸—氢氟酸—高氯酸消煮火焰原子吸收光光度法	GB/T17138—1997	
	硝酸—氢氟酸—高氯酸消煮 ICP—AES 法		《土壤农业化学分析方法》P. 224
铅	盐酸—硝酸—氢氟酸—高氯酸消煮石墨炉原子吸收分光光度法	GB/T17141—1997	
镉	盐酸—硝酸—氢氟酸—高氯酸消煮石墨炉原子吸收分光光度法	GB/T17141—1997	
铬	盐酸—硝酸—氢氟酸—高氯酸消煮火焰原子吸收分光光度法	GB/T17137—1997	
镍	盐酸—硝酸—氢氟酸—高氯酸消煮火焰原子吸收分光光度法	GB/T17139—1997	
镍	硝酸—氢氟酸—高氯酸消煮 ICP—AES		《土壤农业化学分析方法》P. 224
硒	硝酸—高氯酸消煮氢化物发生原子吸收分光光度法		《土壤理化分析与剖面描述》P. 70
	硝酸—高氯酸消煮荧光光度法		《土壤理化分析与剖面描述》P. 71
砷	硝酸—硫酸消煮氢化物发生原子吸收分光光度法		《土壤理化分析与剖面描述》P. 83
	硫酸—硝酸—高氯酸消煮，二乙基二硫代氨基甲酸银分光光度法	GB/T17134—1997	

（续）

项目	方 法	引用标准	参考文献
	盐酸—硝酸—高氯酸消煮，硼氢化钾—硝酸银分光光度法	GB/T17135—1997	
汞	硝酸—硫酸—五氧化二钒消煮或硫酸—硝酸—高锰酸钾消煮，冷原子吸收法	GB17136—1997	
有效钼	草酸—草酸铵浸提—极谱法，硫氰酸钾比色法	LY/T 1259—1999（GB7878—87）	《土壤理化分析与剖面描述》P. 248
	草酸—草酸铵浸提石墨炉法		《土壤理化分析与剖面描述》P. 58
有效锌	0. 1mol/L HCL 浸提（酸性土壤）原子吸收分光光度法	LY/T1261—1999（GB7880—87）	《土壤理化分析与剖面描述》P. 255
有效铜	0. 1mol/L HCL 浸提（酸性土壤）原子吸收分光光度法	LY/T 1260—1999（GB 7879—87）	《土壤理化分析与剖面描述》P. 252
有效锰	乙酸铵—对苯二酚提—原子吸收分光光度法		《土壤农业化学分析方法》P. 210
	DTPA 浸提（石灰性土壤）ICP—AES		《土壤农业化学分析方法》P. 226
有效铁	DTPA 浸提原子吸收分光光度法	LY/T 1262—1999（GB7881—87）	《土壤理化分析与剖面描述》P. 258
容重	环刀法		《土壤理化分析与剖面描述》P. 5
颗粒组成	吸管法	LY/T 1225—1999（GB/T 7845—1987）	《土壤理化分析与剖面描述》P. 141

4. 3 水分监测数据

4. 3. 1 土壤含水量

4. 3. 1. 1 综合观测场

表 4－92 综合观测场土壤容积含水量

单位：mm

年份	月份	作物	10cm	20cm	30cm	40cm	50cm	70cm	90cm	110cm	130cm	150cm	170cm	190cm	210cm	230cm	250cm	270cm
2001	4	大豆	23. 49	25. 32	30. 52	34. 36	39. 39	40. 07	41. 79	40. 17	39. 29	38. 72	37	40. 63	37. 28	40. 99	41. 63	43. 45
2001	5	大豆	21. 87	20. 95	28. 8	33. 56	35. 77	38. 06	40. 12	37. 8	38. 69	38. 53	36. 84	40. 12	38. 14	40. 69	41. 04	43. 75
2001	6	大豆	20. 32	23. 85	27. 99	32. 28	34. 14	35. 93	36. 89	36. 02	36. 33	36. 42	35. 97	39. 05	37. 6	40. 26	41. 36	43. 71
2001	7	大豆	35. 77	24. 22	27. 86	32. 28	33. 96	35. 93	37. 02	36. 04	36. 76	35. 37	35. 84	38. 04	38. 71	41. 02	41. 83	43. 98
2001	8	大豆	20. 76	21. 37	27. 36	31. 94	33. 65	34. 6	35. 67	34. 89	36. 21	34. 81	34. 97	36. 8	38. 2	40. 27	41. 33	36. 04
2001	9	大豆	21. 65	17. 59	22. 46	27. 81	31. 43	34. 31	34. 86	34. 69	35. 58	34. 4	34. 68	36. 33	38. 37	40. 03	40. 77	42. 59
2001	10	大豆	15. 09	19. 33	25. 31	29. 26	32. 09	34. 28	35. 35	35. 08	35. 51	35. 05	36. 06	37. 18	39. 43	41. 08	41. 28	43. 36
2004	3	大豆	31. 29	38. 51	40. 84	40. 06	39. 07	39. 07	43. 1	42. 18	41. 76	40. 84	33. 77	36. 17	37. 66	39. 85	40. 98	42. 25
2004	4	大豆	28. 71	33. 12	35. 45	36. 91	37. 95	39. 81	42. 21	42. 37	41. 63	39. 57	34. 59	36. 02	37. 9	39. 72	40. 67	42. 66
2004	5	大豆	29. 54	32. 39	32. 62	33. 56	33. 07	35. 42	38. 65	39. 27	41. 06	30. 83	34. 72	36. 15	37. 21	39. 33	40. 36	43. 03
2004	6	大豆	23. 17	27. 8	30. 14	31. 74	32	34. 02	35. 51	35. 66	34. 43	35. 24	34. 92	36. 54	37. 76	39. 15	40. 48	41. 69
2004	7	大豆	24. 05	26. 26	27. 12	29. 48	30. 5	32. 97	34. 9	34. 53	33. 79	34. 69	35. 68	36. 3	37. 81	39. 42	40. 39	41. 65
2004	8	大豆	14. 79	19. 27	22. 38	23. 66	23. 39	29. 53	33. 59	34. 75	34. 81	33. 11	35. 21	36. 12	34. 38	37. 82	38. 4	37. 58
2004	9	大豆	17. 71	20. 94	21. 21	21. 86	22. 55	27. 16	32. 76	31. 49	34. 3	34. 46	34. 9	35. 64	36. 17	37. 71	38. 33	39. 35
2004	10	大豆	15. 91	22. 38	23. 9	22. 78	25. 1	29. 86	35. 41	36. 5	36. 63	37. 04	37. 38	38. 19	38. 77	40. 01	38. 38	39. 33
2005	4	玉米	18. 97	27. 12	28. 48	29. 43	31. 36	33. 96	38. 6	39. 73	39. 68	40. 2	38. 7	36. 66	37. 03	39. 45	39. 54	40. 68
2005	5	玉米	21. 4	30. 01	32. 81	33. 5	33. 53	35. 18	37. 61	38. 19	39. 28	40. 11	38. 45	36. 6	36. 7	39	39. 55	41. 01

（续）

年份	月份	作物	10cm	20cm	30cm	40cm	50cm	70cm	90cm	110cm	130cm	150cm	170cm	190cm	210cm	230cm	250cm	270cm
2005	6	玉米	20.65	28.94	32.25	33.32	33.73	35.46	36.91	37.02	37.07	37.98	37.17	37.42	37.85	39.58	40.39	40.27
2005	7	玉米	19.36	24.12	26.58	28.78	30.13	33.41	36.07	35.92	36.18	36.7	36.69	37.32	37.92	39.57	40.16	41.04
2005	8	玉米	23.5	28.92	29.85	29.13	29.34	32.75	35.41	35.76	35.63	36.29	36.26	37.23	37.96	38.85	40.04	41.02
2005	9	玉米	22.88	29.11	31.01	31.04	30.8	33.25	35.81	35.9	35.93	36.54	36.67	37.44	37.99	39.45	39.94	40.95
2005	10	玉米	24.4	30.74	32.85	32.83	32.61	34.45	36.29	36.36	36.25	36.85	36.95	37.78	38.4	39.75	37.01	41.37
2006	3	大豆	34.21	34.08	38.63	34.52	38.7	41.71	43.5	43.93	42.14	41.83	40.58	41.69	39.49	41.55	42.16	43.95
2006	4	大豆	24.18	33.95	36.77	36.8	35.56	36.75	38.47	37.87	37.13	36.93	36.19	37.07	34.87	37.06	37.69	38.99
2006	5	大豆	22.03	30.41	33.94	35.13	36.14	36.34	37.75	38.05	37.2	37.02	36.26	37.29	34.71	36.84	37.21	38.67
2006	6	大豆	23.79	29.87	32.74	33.52	33.64	34.75	35.81	35.84	36.15	36.88	36.26	36.62	34.21	36.37	36.74	38.38
2006	7	大豆	21.43	28.59	32.15	32.86	33.06	34.36	35.38	35.45	35.42	35.92	35.68	35.85	36.49	38.08	39.32	39.82
2006	8	大豆	23.26	31.78	35.83	37.09	38.24	38.93	38.75	38.83	37.79	37.25	35.74	35.93	36.32	38.25	39.69	40.08
2006	9	大豆	21.74	26.12	29.29	31.45	32.3	34.14	35.3	35.25	35.08	35.54	35.54	35.89	36.49	38.04	39.42	40.22
2006	10	大豆	18.67	25.97	29.3	31.4	31.96	33.34	34.96	34.76	34.75	34.86	35.02	35.43	35.94	38.14	39.26	40.34

4.3.1.2 生态恢复大区试验长期定位试验辅助观测场

表 4-93 生态恢复大区试验长期定位试验辅助观测场（裸地）土壤容积含水量

单位：mm

年份	月份	作物	10cm	20cm	30cm	40cm	50cm	70cm	90cm	110cm	130cm	150cm	170cm	190cm	210cm	230cm	250cm	270cm
2004	3	裸地	32.99	36.95	38.29	38.72	41.26	37.94	45.79	43.38	42.11	39.92	36.17	37.44	39.07	38.08	39.78	39.64
2004	4	裸地	32.38	35.96	38.49	40.5	41.49	38.58	45.89	42.87	42.37	39.13	36.16	36.85	38.65	38.04	39.1	41.11
2004	5	裸地	44.75	52.98	52.51	43.31	61.85	60.46	55.17	42.94	42.68	36.63	36.21	36.6	37.85	37.74	39.04	41.17
2004	6	裸地	16.1	22.35	24.18	26.2	29.76	27.45	34.16	35.19	35.5	35.65	35.87	36.83	37.7	37.7	38.69	39.85
2004	7	裸地	23.31	27.89	26.05	25.64	27.99	26.17	31.76	34.04	33.19	35.36	36.12	36.71	38.14	37.16	38.26	39.92
2004	8	裸地	23.77	28.63	28.69	28.15	29.55	26.6	33.06	34.19	33.43	35.43	35.99	37.23	38.08	37.28	38.59	39.22
2004	9	裸地	29.33	30.15	28.69	28.07	29.69	27.16	32.81	34.56	33.68	35.69	36.03	37.39	38.25	37.49	38.46	39.57
2004	10	裸地	22.75	29.75	28.48	27.67	29.36	27.14	33.07	34.4	34.01	35.96	36.53	37.27	39.01	38.31	38.69	32.01
2005	4	裸地	56.55	59.39	62.72	62.12	63.29	62.86	72.21	72.77	73.68	71.26	69.72	—	—	—	—	—
2005	5	裸地	39.54	48.1	50.56	56.57	57.91	57.03	61.38	62.1	63.25	56.39	58.72	—	—	—	—	—
2005	6	裸地	33.99	44.05	47.41	53.85	55.23	53.1	56.82	52.78	53.92	57.66	61.82	—	—	—	—	—
2005	7	裸地	32.92	39.17	43.1	49.53	51.6	50.42	54.38	50.59	52.68	56.99	61.48	—	—	—	—	—
2005	8	裸地	38.26	46.09	47.46	52.79	53.1	51.87	54.23	52.04	52.38	57.15	62.28	—	—	—	—	—
2005	9	裸地	40.29	50.35	53.65	59.42	60.15	58.13	62.16	60.7	62.91	65.91	70.2	—	—	—	—	—
2005	10	裸地	56.09	64.22	65.42	72.38	74.65	71.57	73.83	71.39	72.38	78.92	84.55	—	—	—	—	—
2006	3	裸地	65.5	54.89	54.05	60.2	59.38	57.55	60.66	57.26	58.54	62.11	62.95	—	—	—	—	—
2006	4	裸地	74.5	66.86	65.38	65.71	65.73	64.6	66.56	62.55	63.66	68.25	69.05	—	—	—	—	—
2006	5	裸地	48.9	57.46	60.14	61.35	60.55	59.88	59.97	55.74	56.79	61.26	61.28	—	—	—	—	—
2006	6	裸地	32.3	44.15	48.76	53.11	56.15	54.12	56.31	59.68	59.3	61.24	58.61	—	—	—	—	—
2006	7	裸地	29.49	42.66	46.55	52.31	53.06	51.25	54.12	52.44	55.92	59.53	58.68	—	—	—	—	—
2006	8	裸地	38.42	50.74	55.41	60.52	60.27	61.47	60.96	64.07	61.63	59.42	59.74	—	—	—	—	—
2006	9	裸地	30.01	43.1	48.99	53.67	55.23	53.13	56.15	59.53	60.99	59.74	59.28	—	—	—	—	—
2006	10	裸地	25.71	40.84	46.85	52.17	53.97	51.69	54.73	52.9	55.18	59.15	59.3	—	—	—	—	—
2007	4	裸地	37.33	43.00	43.00	43.83	43.67	40.50	44.17	42.33	41.00	38.00	36.17	37.83	39.33	40.00	41.00	42.33
2007	5	裸地	28.17	35.67	37.33	38.50	40.17	44.67	45.50	42.50	41.17	37.00	37.00	38.00	39.67	39.33	41.00	41.83
2007	6	裸地	29.17	35.50	34.67	34.83	36.50	34.33	40.83	42.00	40.33	38.33	40.00	40.33	41.00	40.50	41.00	41.83
2007	7	裸地	29.50	35.50	34.83	35.17	36.67	33.33	39.00	39.83	40.33	39.83	42.00	41.33	42.67	41.00	41.67	43.17
2007	8	裸地	26.50	34.67	34.83	34.67	36.17	33.33	38.33	39.33	39.83	39.67	41.67	41.00	42.00	41.50	42.00	43.17
2007	9	裸地	30.67	34.33	34.33	34.50	36.00	31.83	38.17	38.83	38.17	39.33	40.00	41.00	42.17	41.00	42.17	43.50
2007	10	裸地	28.35	33.61	33.26	33.49	35.00	31.36	37.51	38.93	38.55	38.76	39.74	39.22	40.55	39.79	40.59	41.74

表 4－94　生态恢复大区试验长期定位试验辅助观测场（荒地）土壤容积含水量

单位：mm

年份	月份	作物	10cm	20cm	30cm	40cm	50cm	70cm	90cm	110cm	130cm	150cm	170cm	190cm	210cm	230cm	250cm	270cm
2004	4	草地	72.47	83.38	86.35	77.59	76.64	70.85	69.57	55.34	57.15	62.03	65.47	—	—	—	—	—
2004	5	草地	49.08	58.02	60.09	63.1	51.22	61.15	58.04	53.6	56.04	59.49	60.3	—	—	—	—	—
2004	6	草地	26.7	40.31	43.58	49.98	50.49	48.57	52.54	51.73	45.36	57.56	60.62	—	—	—	—	—
2004	7	草地	28.7	35.27	40.54	47.38	48.58	46.62	51.66	50.55	52.76	57.35	61.79	—	—	—	—	—
2004	8	草地	24.44	30.75	33.51	40.38	44.36	44.54	50.47	50.16	51.61	55.6	60.74	—	—	—	—	—
2004	9	草地	29.1	33.35	35.14	41.9	46.45	47.77	55.2	54.7	56.23	62.2	66.51	—	—	—	—	—
2005	4	草地	29.88	37.14	35.48	36.73	39.53	40.72	41.5	41.37	40.73	41.02	42.99	37.88	37.43	38.18	40.82	35.87
2005	5	草地	30.76	35.45	35.11	36.3	38.29	39.95	42.67	41.91	40.63	40.68	43.4	36.78	37.77	37.97	40.92	41.98
2005	6	草地	28.12	33.02	32.95	34	35.98	35.4	40.72	41.39	40.92	40.4	42.19	38.83	39.46	38.67	40.46	41.54
2005	7	草地	29.37	33.41	32.35	32.94	34.48	30.25	37.22	38.01	37.79	38.31	38.78	39.86	41.28	39.89	40.71	41.57
2005	8	草地	30.75	33.8	27.56	33.27	35.04	29.35	37.96	39.43	40.09	39.52	41.86	40.63	41.41	40.38	40.68	41.67
2005	9	草地	29.56	33.87	33.05	33.84	35.12	31.09	38.67	32.11	40.28	39.33	42.39	40.84	41.71	40.21	40.69	42.36
2005	10	草地	30.48	34.21	33.33	33.59	34.94	30.91	37.02	40.06	40.19	40.12	42.54	42.31	41.76	40.36	40.77	42.91
2006	3	草地	35.06	34.92	35.96	35.72	38.03	33.91	41.36	39.12	39.07	37.92	39.61	36.86	36.31	36.93	39.12	40.6
2006	4	草地	31.9	36.14	36.2	36.3	37.7	33.5	41.5	39.72	38.56	38.26	39.42	37.87	35.37	36.4	38.9	39.85
2006	5	草地	29.68	34.64	35.52	36.7	37.7	37.17	40.36	39.32	38.28	37.76	39.85	36.9	34.96	35.42	38.27	39.49
2006	6	草地	26.51	32.78	32.09	32.45	34.52	31.22	37.36	38.2	38.72	37.95	39.49	36.82	35.69	36.31	38.19	39.37
2006	7	草地	26.13	32.19	32.07	32.24	34.14	30.14	38.35	39.12	38.78	38.01	39.66	38.16	39.24	38.16	37.94	39.37
2006	8	草地	30.56	36.15	37.7	39.49	39.55	47.32	43.55	40.33	39.26	38.23	39.91	38.59	39.47	38.07	38.41	39.46
2006	9	草地	28.08	33.72	33.63	33.86	35.88	33.36	41.25	40.97	39.16	38.54	39.67	38.42	39.55	37.92	38.65	39.7
2006	10	草地	27.27	32.94	32.41	32.66	34.47	30.37	36.84	39.28	39.21	38.51	40.2	38.86	39.44	38.14	38.74	39.16
2007	4	草地	47.33	48.17	48.33	45.50	45.17	43.50	42.50	40.67	41.50	41.17	39.17	—	—	—	—	—
2007	5	草地	33.67	42.67	46.50	46.83	41.50	43.33	41.50	39.17	41.83	38.00	36.67	—	—	—	—	—
2007	6	草地	22.17	30.50	33.00	37.17	38.67	38.17	40.50	40.17	40.00	39.17	40.33	—	—	—	—	—
2007	7	草地	17.50	25.00	28.17	32.67	34.83	35.17	37.67	36.67	36.50	38.50	41.33	—	—	—	—	—
2007	8	草地	19.67	21.83	28.50	31.83	33.50	34.50	36.17	35.50	35.83	38.50	40.67	—	—	—	—	—
2007	9	草地	18.00	23.17	27.33	31.33	32.33	34.33	36.67	35.00	36.33	38.67	40.33	—	—	—	—	—
2007	10	草地	17.18	24.59	28.51	32.37	33.87	33.74	36.08	35.27	35.99	38.53	39.64	—	—	—	—	

4.3.1.3　气象观测场

表 4－95　气象观测场中子管 1 号土壤容积含水量

单位：mm

年份	月份	作物	10cm	20cm	30cm	40cm	50cm	70cm	90cm	110cm	130cm	150cm	170cm	190cm	210cm	230cm	250cm	270cm
2005	4	三叶草	23.57	24.27	26.07	28.01	32.21	35.54	38.94	38.71	37.65	37.06	36.06	36.96	36.68	37.88	37.86	38.65
2005	5	三叶草	27.86	27.32	30.45	30.91	32.51	33.66	35.83	35.95	36.46	35.65	35.64	36.73	36.29	37.19	38.05	38.34
2005	6	三叶草	23.74	27.6	31.14	32.53	33.43	34.34	36.45	35.26	34.94	36.64	36.58	37.52	36.6	37.65	37.94	38.44
2005	7	三叶草	21.64	23.75	26.76	29.38	32.47	33.87	36.15	34.88	35.16	36.69	37.03	37.68	36.92	38.02	37.97	38.76
2005	8	三叶草	23.55	23.64	26.47	30.08	32.62	33.74	36.4	34.95	35.31	36.53	37.36	37.74	37.01	38.02	32.38	39.36
2005	9	三叶草	21.87	24.14	27.69	29.53	32.06	33.84	36.38	34.71	35.42	36.79	37.18	37.59	36.96	38.57	39.42	40.29
2005	10	三叶草	23.84	25.11	27.3	29.63	31.69	33.69	35.93	34.92	35.06	36.69	37.38	38.21	36.9	38.67	39.69	40.28
2006	3	早熟禾	28.72	29.67	30.99	31.15	33.2	34.9	37.16	35.63	34.97	38.34	35.02	34.62	34.03	35.61	36.15	36.93
2006	4	早熟禾	31.35	31.93	32.07	31.02	34.05	34.74	37.43	35.24	34.94	38.14	35.37	34.42	34.22	36.16	36.14	37.15
2006	5	早熟禾	27.42	31.36	36.5	38.01	37.49	37.28	38.02	35.42	34.75	37.85	34.79	34.47	34.25	35.95	35.83	36.65
2006	6	早熟禾	26.41	29.05	32.46	33.73	34.57	34.29	35.91	34.51	34.72	36.56	34.36	34.7	34.44	36.07	35.76	36.97
2006	7	早熟禾	24.19	26.64	29.78	31.6	33.23	33.51	35.03	33.81	34.03	35.03	35.01	35.78	34.89	36.35	38.19	37.08
2006	8	早熟禾	31.62	36.32	38.18	39.46	38.81	37.22	38.48	39.71	37.99	37.53	36.69	39.12	38.94	39.49	42.62	41.62
2006	9	早熟禾	26.58	29.22	32.32	33.18	34.11	34.29	35.76	34.68	35.08	36.74	36.32	38.05	36.98	38.58	41.49	43.07
2006	10	早熟禾	22.02	26.43	29.83	30.88	33.12	33.73	34.83	33.23	34.17	34.98	35.44	36.36	35.64	37.86	40.85	42.04

（续）

年份	月份	作物	10cm	20cm	30cm	40cm	50cm	70cm	90cm	110cm	130cm	150cm	170cm	190cm	210cm	230cm	250cm	270cm
2007	4	草地	30.50	32.83	36.33	38.00	40.00	40.83	40.67	38.17	37.83	38.17	36.00	37.33	37.33	38.83	38.83	41.33
2007	5	草地	26.17	32.17	36.33	37.00	37.67	39.17	41.33	38.50	36.83	36.50	34.33	36.00	35.50	38.83	37.67	41.00
2007	6	草地	20.33	25.83	31.00	33.33	35.67	36.83	38.00	36.67	37.33	36.50	37.50	37.83	37.00	39.33	41.50	42.00
2007	7	草地	16.33	17.50	19.83	24.50	31.00	35.00	37.00	35.67	36.00	37.33	37.67	39.00	38.33	39.83	40.50	42.00
2007	8	草地	19.17	18.67	18.83	21.50	26.67	32.33	35.33	34.33	35.33	36.17	37.67	38.50	38.17	39.67	40.00	41.00
2007	9	草地	14.83	16.50	18.17	20.17	25.33	30.83	33.67	33.50	34.67	36.00	37.83	38.67	38.17	39.33	40.17	41.50
2007	10	草地	18.86	21.49	24.13	25.72	28.97	31.78	33.22	33.23	34.35	35.61	36.72	37.32	36.98	38.72	41.11	41.64

表 4-96　气象观测场中子管 2 号土壤容积含水量

单位：mm

年份	月份	作物	10cm	20cm	30cm	40cm	50cm	70cm	90cm	110cm	130cm	150cm	170cm	190cm	210cm	230cm	250cm	270cm
2005	4	三叶草	29.52	31.71	30.93	29.85	30.98	33.98	36.14	37.23	38.79	37.94	35.35	37.13	36.66	37.03	39.11	39.58
2005	5	三叶草	29.78	33.28	33.22	33.06	35.63	37.7	37.23	36.62	38.17	36.05	35.19	36.95	36.79	37.18	38.19	39.26
2005	6	三叶草	30.63	32.91	32.01	32.75	34.58	36.07	36.01	35.18	35.93	36.62	36.36	37.51	36.7	37.35	39.47	39.87
2005	7	三叶草	24.77	26.79	28.27	29.81	32.37	35.12	35.55	34.72	35.74	36	36.34	37.44	36.9	37.61	40.07	40.11
2005	8	三叶草	29.31	28.24	27.39	29.04	32.26	34.53	35.31	34.66	35.78	36.1	36.06	37.44	37.15	37.9	40.01	40.52
2005	9	三叶草	26.75	28.41	28.78	30.04	32.3	34.65	34.88	34.39	35.61	36.28	36.72	37.5	36.71	38	40.42	41
2005	10	三叶草	27.8	27.45	28.15	29.05	32.01	34.37	35.06	34.5	35.74	36.32	36.53	37.57	37.46	38.24	40.56	41.69
2006	3	三叶草	27.45	27.14	27.36	28.16	30.8	36.29	35.98	34.05	35.98	38.06	34.45	34.88	35.58	35.54	37.02	37.16
2006	4	早熟禾	31.58	28.97	27.74	28.13	31.09	35.24	35.55	34.08	35.86	37.87	34.62	34.88	34.74	36.2	37.36	36.98
2006	5	早熟禾	31.47	34.38	36.02	37.96	37.97	36.32	36.56	34.35	35.5	37.83	34.45	34.53	34.72	35.77	36.96	37.56
2006	6	早熟禾	28.68	31.03	32.21	32.46	33.91	35.9	35.09	34.57	34.24	35.68	35.06	34.31	34.73	34.42	36.76	37.39
2006	7	早熟禾	23.63	27.89	29.41	30.08	31.55	34.5	33.59	33.47	33.43	34.07	34.2	34.89	35.23	34.91	38.25	38.34
2006	8	早熟禾	25.4	33.26	35.91	37.34	37.89	37.93	37.72	38.82	37.57	37.9	37.85	36.09	36.54	36.61	41.8	40.44
2006	9	早熟禾	23.77	31.35	32.19	32.18	33.2	35.11	34.44	33.87	34.24	35.36	36.01	36.14	36.32	37.02	41.93	41.1
2006	10	早熟禾	18.44	27.2	30.13	30.03	30.92	34.05	33.76	33.18	33.7	34.11	34.51	35.63	35.45	35.54	40.59	41.24
2007	4	草地	32.83	37.17	38.33	38.17	38.83	39.67	38.67	37.33	38.17	38.83	35.17	37.33	37.83	37.67	40.17	41.00
2007	5	草地	26.67	35.00	36.67	35.50	38.67	40.17	39.67	36.50	36.50	37.67	33.50	37.17	37.33	34.83	37.67	38.67
2007	6	草地	18.33	27.83	31.17	32.83	35.00	37.50	37.17	36.83	37.00	36.67	36.83	37.00	37.67	38.17	42.33	42.33
2007	7	草地	15.50	17.67	20.00	22.83	27.17	34.33	35.33	35.67	36.00	36.83	37.17	38.00	38.67	39.17	41.83	42.33
2007	8	草地	17.50	18.50	18.33	18.83	21.17	29.83	33.33	34.33	35.00	36.00	36.83	38.00	37.50	38.17	41.17	41.33
2007	9	草地	14.50	17.00	18.00	19.50	23.17	29.67	33.00	33.50	35.00	35.50	37.33	38.17	38.00	39.00	40.50	41.67
2007	10	草地	16.75	21.96	24.13	24.64	26.60	31.20	32.75	32.91	33.74	34.62	36.09	36.99	36.78	37.21	40.74	41.44

4.3.2　地表水、地下水水质状况

表 4-97　综合观测场地表水、地下水水质状况

单位：mg/L

日期	水温℃	pH	钙离子含量	镁离子含量	钾离子含量	钠离子含量	重碳酸根离子含量	氯化物	硫酸根离子	磷酸根离子	硝酸根	矿化度	总氮	总磷
2002-06-09	12.0	6.8	43.4	87.6	2.6	7.4	—	—	—	—	—	—	—	—
2003-07-10	10.5	6.8	43.6	87.3	2.9	7.8	93.3	—	—	—	—	—	—	—
2004-06-20	9.5	6.81	38.92	78.33	1.84	7.37	91.43	8.45	15.54	2.81	1.63	263.38	4.40	1.33
2004-08-20	9.9	6.85	37.92	75.27	1.38	5.98	87.34	8.12	12.87	1.98	1.46	257.25	3.60	1.46
2005-06-12	9.5	6.61	27.32	32.62	0.78	66.10	29.63	1.45	1.89	0.32	1.32	120.00	1.81	1.74
2005-08-23	9.9	6.65	26.92	32.27	0.80	64.84	27.34	1.65	1.87	0.30	1.26	127.25	1.75	1.79
2006-05-11	5.30	6.67	26.24	32.65	0.76	65.87	29.11	1.51	1.82	0.32	1.30	119.60	1.68	1.78

（续）

日期	水温℃	pH	钙离子含量	镁离子含量	钾离子含量	钠离子含量	重碳酸根离子含量	氯化物	硫酸根离子	磷酸根离子	硝酸根	矿化度	总氮	总磷
2006-07-12	7.6	6.60	26.01	32.05	0.77	64.99	28.66	1.48	1.79	0.31	1.25	124.79	1.78	1.70
2007-04-21	5.30	6.79	26.32	25.18	0.75	5.72	77.89	9.47	14.80	0.73	1.27	161	1.72	1.72
2007-09-12	7.6	6.72	26.12	27.00	0.76	5.84	72.45	10.49	15.79	0.83	1.26	158	1.70	1.69
2008-05-11	5.3	6.89	23.91	21.11	0.74	5.13	72.46	9.01	15.15	0.74	1.31	158	1.65	1.61
2008-08-24	6.6	6.84	22.01	20.14	0.75	5.07	73.57	9.00	14.58	0.77	1.29	151	1.61	1.59

表 4-98　流动地表水水质监测长期采样点地表水、地下水水质状况

单位：mg/L

日期	水温℃	pH	钙离子含量	镁离子含量	钾离子含量	钠离子含量	重碳酸根离子含量	氯化物	硫酸根离子	磷酸根离子	硝酸根	矿化度	总氮	总磷
2005-06-12	20.0	7.26	52.93	58.70	54.78	47.12	85.41	61.38	33.80	2.57	30.77	783.33	148.54	15.36
2005-08-23	21.0	7.18	50.31	49.32	58.35	43.05	81.03	57.12	42.48	1.64	32.05	717.12	138.80	17.70
2006-07-20	19.0	7.54	46.74	46.45	56.71	40.66	100.69	59.26	32.00	2.35	29.78	726.30	57.01	9.59
2006-08-23	18.8	7.81	50.25	48.59	54.46	43.38	93.71	50.42	37.90	22.60	27.43	701.49	84.78	10.01
2006-09-14	12.7	7.97	49.96	44.85	58.99	41.79	88.75	44.10	41.11	21.49	27.75	681.49	48.75	9.70
2006-10-24	8.6	7.95	44.39	47.05	54.37	39.65	85.46	44.10	38.41	7.14	23.53	680.98	84.69	11.16
2006-11-11	−4.2	7.75	47.93	48.71	55.51	35.13	99.97	51.94	44.47	6.18	25.08	762.59	60.70	10.39
2006-12-16	−16.00	6.86	44.29	42.00	42.92	47.40	88.25	41.66	38.25	8.99	22.07	807.74	51.02	7.59
2007-05-21	15.4	7.24	44.76	44.66	63.46	61.58	99.88	63.46	64.15	26.49	31.57	567	65.49	36.46
2007-09-12	12.8	6.99	53.47	40.69	59.46	63.49	112.59	57.89	58.79	20.19	28.47	573	74.89	41.66
2007-11-14	4.7	8.04	41.36	41.27	50.46	54.61	94.49	65.49	54.90	16.87	22.49	525	61.29	38.49
2008-01-14	1.1	7.41	26.51	22.66	35.14	39.58	91.49	58.69	61.25	18.25	22.49	389	54.67	31.41
2008-08-16	13.2	7.12	35.61	24.57	40.15	35.49	104.58	50.15	52.65	21.46	37.46	414	75.49	34.21
2008-10-18	3.8	7.34	30.01	18.48	31.55	31.26	86.46	53.25	48.95	10.49	19.42	318	51.49	20.15

4.3.3　地下水位记录

表 4-99　综合观测场地下水位记录

地面高程：234.64m

日期	植被	地下水埋深（m）
2001-04-15	大豆	25.8
2001-04-20	大豆	24.5
2001-04-25	大豆	23.8
2001-04-30	大豆	23.3
2001-05-05	大豆	23.1
2001-05-10	大豆	23.0
2001-05-15	大豆	22.3
2001-05-20	大豆	23.8
2001-05-25	大豆	25.0
2001-05-30	大豆	25.9
2001-06-05	大豆	26.6
2001-06-10	大豆	27.0
2001-06-15	大豆	26.7
2001-06-20	大豆	26.3
2001-06-25	大豆	26.9

（续）

日期	植被	地下水埋深（m）
2001-06-30	大豆	27.8
2001-07-05	大豆	27.2
2001-07-10	大豆	26.5
2001-07-15	大豆	26.7
2001-07-20	大豆	26.0
2001-07-25	大豆	26.2
2001-07-30	大豆	25.0
2001-08-05	大豆	24.5
2001-08-10	大豆	24.2
2001-08-15	大豆	24.9
2001-08-20	大豆	23.8
2001-08-25	大豆	23.8
2001-08-30	大豆	23.8
2001-09-05	大豆	23.7
2001-09-10	大豆	23.7
2001-09-15	大豆	23.6
2001-09-20	大豆	23.1
2001-09-25	大豆	23.0
2001-09-30	大豆	22.8
2001-10-05	大豆	22.5
2001-10-10	大豆	22.4
2002-04-01	小麦	25.8
2002-04-05	小麦	26.0
2002-04-10	小麦	26.0
2002-04-15	小麦	25.8
2002-04-20	小麦	26.0
2002-04-25	小麦	26.0
2002-04-30	小麦	26.5
2002-05-05	小麦	27.0
2002-05-10	小麦	27.9
2002-05-15	小麦	28.5
2002-05-20	小麦	29.0
2002-05-25	小麦	28.7
2002-05-30	小麦	28.2
2002-06-05	小麦	27.8
2002-06-10	小麦	26.5
2002-06-15	小麦	27.0
2002-06-20	小麦	27.0
2002-06-25	小麦	25.8
2002-06-30	小麦	26.1
2002-07-05	小麦	26.1
2002-07-10	小麦	26.1
2002-07-15	小麦	25.9
2002-07-20	小麦	24.7
2002-07-25	小麦	24.0
2002-07-30	小麦	23.0
2002-08-05	小麦	23.0
2002-08-10	小麦	23.1

（续）

日期	植被	地下水埋深（m）
2002-08-15	小麦	23.1
2002-08-20	小麦	23.2
2002-08-25	小麦	23.0
2002-08-30	小麦	22.6
2002-09-05	小麦	22.9
2002-09-10	小麦	22.4
2002-09-15	小麦	22.3
2002-09-20	小麦	22.3
2003-01-01	玉米	25.5
2003-02-01	玉米	25.7
2003-03-01	玉米	25.5
2003-04-01	玉米	25.5
2003-04-05	玉米	26.1
2003-04-10	玉米	26.6
2003-04-15	玉米	26.8
2003-04-20	玉米	27.1
2003-04-25	玉米	27.0
2003-04-30	玉米	27.0
2003-05-05	玉米	27.1
2003-05-10	玉米	27.3
2003-05-15	玉米	27.5
2003-05-20	玉米	27.9
2003-05-25	玉米	28.0
2003-05-30	玉米	28.1
2003-06-05	玉米	28.0
2003-06-10	玉米	27.8
2003-06-15	玉米	27.5
2003-06-20	玉米	27.0
2003-06-25	玉米	27.3
2003-06-30	玉米	26.5
2003-07-05	玉米	26.0
2003-07-10	玉米	25.4
2003-07-15	玉米	25.0
2003-07-20	玉米	25.8
2003-07-30	玉米	24.2
2003-08-05	玉米	24.0
2003-08-10	玉米	23.2
2003-08-15	玉米	22.9
2003-08-20	玉米	22.1
2003-08-25	玉米	21.5
2003-08-30	玉米	21.0
2003-09-05	玉米	20.6
2003-09-10	玉米	20.5
2003-09-15	玉米	20.0
2003-09-20	玉米	20.0
2003-09-25	玉米	20.0
2003-09-30	玉米	19.9
2003-10-05	玉米	19.8

（续）

日期	植被	地下水埋深（m）
2003-10-10	玉米	20.0
2003-10-15	玉米	20.5
2003-10-20	玉米	20.9
2003-11-01	玉米	23.5
2003-12-01	玉米	24.9
2004-05-10	大豆	21.71
2004-05-15	大豆	21.83
2004-05-20	大豆	21.96
2004-05-25	大豆	22.02
2004-05-30	大豆	22.19
2004-06-05	大豆	22.21
2004-06-10	大豆	22.46
2004-06-15	大豆	22.52
2004-06-20	大豆	22.64
2004-06-25	大豆	22.93
2004-06-30	大豆	23.17
2004-07-05	大豆	23.34
2004-07-10	大豆	23.68
2004-07-15	大豆	23.79
2004-07-20	大豆	24.21
2004-07-25	大豆	24.39
2004-07-30	大豆	24.43
2004-08-05	大豆	24.22
2004-08-10	大豆	23.78
2004-08-15	大豆	23.47
2004-08-20	大豆	23.50
2004-08-25	大豆	23.12
2004-08-30	大豆	22.93
2004-09-05	大豆	22.94
2004-09-10	大豆	22.80
2004-09-15	大豆	22.63
2004-09-20	大豆	22.29
2004-09-25	大豆	21.95
2004-09-30	大豆	21.41
2004-10-05	大豆	21.64
2004-10-10	大豆	21.75
2004-10-15	大豆	21.86
2004-10-20	大豆	21.82
2004-10-25	大豆	22.24
2004-10-30	大豆	22.13
2004-11-05	大豆	22.35
2004-11-10	大豆	23.41
2004-11-15	大豆	23.72
2004-11-20	大豆	24.29
2004-11-25	大豆	23.97
2004-11-30	大豆	23.63
2004-12-05	大豆	22.95
2004-12-10	大豆	22.61

（续）

日期	植被	地下水埋深（m）
2004-12-15	大豆	22.40
2004-12-20	大豆	22.32
2004-12-25	大豆	22.16
2004-12-30	大豆	21.84
2005-01-01	玉米	20.11
2005-01-05	玉米	20.13
2005-01-10	玉米	20.14
2005-01-15	玉米	20.19
2005-01-20	玉米	20.68
2005-01-25	玉米	20.96
2005-02-01	玉米	20.97
2005-02-05	玉米	21.05
2005-02-10	玉米	21.14
2005-02-15	玉米	21.17
2005-02-20	玉米	21.18
2005-02-25	玉米	21.22
2005-03-01	玉米	21.45
2005-03-05	玉米	21.65
2005-03-10	玉米	21.95
2005-03-15	玉米	22.03
2005-03-20	玉米	22.02
2005-03-25	玉米	22.05
2005-04-01	玉米	22.05
2005-04-05	玉米	22.11
2005-04-10	玉米	22.16
2005-04-15	玉米	22.19
2005-04-20	玉米	22.25
2005-04-25	玉米	22.29
2005-05-01	玉米	22.35
2005-05-05	玉米	22.36
2005-05-10	玉米	22.37
2005-05-15	玉米	22.49
2005-05-20	玉米	22.56
2005-05-25	玉米	22.77
2005-06-01	玉米	22.98
2005-06-05	玉米	23.04
2005-06-10	玉米	23.24
2005-06-15	玉米	23.37
2005-06-20	玉米	23.94
2005-06-25	玉米	23.95
2005-07-01	玉米	23.91
2005-07-05	玉米	23.85
2005-07-10	玉米	23.74
2005-07-15	玉米	23.63
2005-07-20	玉米	23.61
2005-07-25	玉米	23.59
2005-08-01	玉米	23.55
2005-08-05	玉米	23.45

（续）

日期	植被	地下水埋深（m）
2005-08-10	玉米	23.41
2005-08-15	玉米	23.39
2005-08-20	玉米	23.38
2005-08-25	玉米	23.31
2005-09-01	玉米	22.95
2005-09-05	玉米	22.81
2005-09-10	玉米	22.81
2005-09-15	玉米	22.81
2005-09-20	玉米	22.79
2005-09-25	玉米	22.65
2005-10-01	玉米	22.60
2005-10-05	玉米	22.55
2005-10-10	玉米	22.49
2005-10-15	玉米	22.41
2005-10-20	玉米	22.30
2005-10-25	玉米	22.25
2005-11-01	玉米	21.99
2005-11-05	玉米	21.95
2005-11-10	玉米	21.86
2005-11-15	玉米	21.75
2005-11-20	玉米	21.63
2005-11-25	玉米	21.15
2005-12-01	玉米	20.98
2005-12-05	玉米	20.92
2005-12-10	玉米	20.85
2005-12-15	玉米	20.43
2005-12-20	玉米	20.25
2005-12-25	玉米	20.21
2006-01-20	大豆	23.90
2006-02-20	大豆	23.50
2006-03-20	大豆	23.40
2006-04-20	大豆	23.50
2006-05-01	大豆	23.00
2006-05-05	大豆	23.05
2006-05-10	大豆	23.10
2006-05-15	大豆	23.10
2006-05-20	大豆	23.10
2006-05-25	大豆	23.15
2006-06-01	大豆	23.20
2006-06-05	大豆	23.15
2006-06-10	大豆	23.10
2006-06-15	大豆	22.70
2006-06-20	大豆	22.30
2006-06-25	大豆	21.95
2006-07-01	大豆	21.60
2006-07-05	大豆	21.30
2006-07-10	大豆	21.00
2006-07-15	大豆	21.00

（续）

日期	植被	地下水埋深（m）
2006-07-20	大豆	21.00
2006-07-25	大豆	20.45
2006-08-01	大豆	19.90
2006-08-05	大豆	19.75
2006-08-10	大豆	19.60
2006-08-15	大豆	19.55
2006-08-20	大豆	19.50
2006-08-25	大豆	19.85
2006-09-01	大豆	20.20
2006-09-05	大豆	19.90
2006-09-10	大豆	19.60
2006-09-15	大豆	19.60
2006-09-20	大豆	19.60
2006-09-25	大豆	19.50
2006-10-01	大豆	19.40
2006-10-05	大豆	19.35
2006-10-10	大豆	19.20
2006-10-15	大豆	19.80
2006-10-20	大豆	20.40
2006-11-20	大豆	20.20
2006-12-20	大豆	20.50
2007-01-01	玉米	20.8
2007-02-01	玉米	20.9
2007-03-01	玉米	20.9
2007-04-01	玉米	21.8
2007-05-01	玉米	20.8
2007-05-10	玉米	20.8
2007-05-20	玉米	20.5
2007-06-01	玉米	19.3
2007-06-10	玉米	20.3
2007-06-20	玉米	20.3
2007-07-01	玉米	20.6
2007-07-10	玉米	20.6
2007-07-20	玉米	20.3
2007-08-01	玉米	21.3
2007-08-10	玉米	20.1
2007-08-20	玉米	20.0
2007-09-01	玉米	20.7
2007-09-10	玉米	20.5
2007-09-20	玉米	21.0
2007-10-01	玉米	20.0
2007-10-10	玉米	20.8
2007-10-20	玉米	20.9
2007-11-01	玉米	21.4
2007-12-01	玉米	20.2
2008-01-01	大豆	22.4
2008-02-01	大豆	22.4
2008-03-01	大豆	22.3

（续）

日期	植被	地下水埋深（m）
2008-04-01	大豆	22.3
2008-05-01	大豆	21.0
2008-06-01	大豆	21.5
2008-06-10	大豆	21.8
2008-06-20	大豆	22.5
2008-07-01	大豆	22.8
2008-07-10	大豆	21.0
2008-07-20	大豆	20.4
2008-08-01	大豆	21.6
2008-08-10	大豆	21.4
2008-08-20	大豆	20.2
2008-09-01	大豆	20.0
2008-09-10	大豆	19.8
2008-09-20	大豆	20.0
2008-10-01	大豆	19.8
2008-10-10	大豆	19.8
2008-10-20	大豆	19.7
2008-11-01	大豆	20.3
2008-12-01	大豆	19.4

表4-100 气象站地下水位观测井地下水位记录

地面高程：234.64m

日期	植被	地下水埋深（m）
2004-05-10	三叶草	21.55
2004-05-15	三叶草	21.41
2004-05-20	三叶草	21.97
2004-05-25	三叶草	22.00
2004-05-30	三叶草	22.29
2004-06-05	三叶草	22.12
2004-06-10	三叶草	22.53
2004-06-15	三叶草	22.68
2004-06-20	三叶草	22.77
2004-06-25	三叶草	22.84
2004-06-30	三叶草	23.15
2004-07-05	三叶草	23.46
2004-07-10	三叶草	23.67
2004-07-15	三叶草	23.93
2004-07-20	三叶草	24.14
2004-07-25	三叶草	24.28
2004-07-30	三叶草	24.46
2004-08-05	三叶草	24.81
2004-08-10	三叶草	23.77
2004-08-15	三叶草	23.60
2004-08-20	三叶草	23.73
2004-08-25	三叶草	23.41
2004-08-30	三叶草	23.22
2004-09-05	三叶草	23.55

（续）

日期	植被	地下水埋深（m）
2004-09-10	三叶草	22.99
2004-09-15	三叶草	22.63
2004-09-20	三叶草	22.30
2004-09-25	三叶草	22.44
2004-09-30	三叶草	21.49
2004-10-05	三叶草	21.56
2004-10-10	三叶草	21.74
2004-10-15	三叶草	21.71
2004-10-20	三叶草	21.78
2004-10-25	三叶草	22.11
2004-10-30	三叶草	23.21
2004-11-05	三叶草	23.39
2004-11-10	三叶草	23.78
2004-11-15	三叶草	24.36
2004-11-20	三叶草	24.35
2004-11-25	三叶草	24.52
2004-11-30	三叶草	24.13
2004-12-05	三叶草	23.94
2004-12-10	三叶草	23.70
2004-12-15	三叶草	23.24
2004-12-20	三叶草	22.93
2004-12-25	三叶草	22.64
2004-12-30	三叶草	22.25
2005-01-01	三叶草	20.10
2005-01-05	三叶草	20.11
2005-01-10	三叶草	20.15
2005-01-15	三叶草	20.14
2005-01-20	三叶草	20.25
2005-01-25	三叶草	20.43
2005-02-01	三叶草	20.96
2005-02-05	三叶草	21.16
2005-02-10	三叶草	21.19
2005-02-15	三叶草	21.17
2005-02-20	三叶草	21.15
2005-02-25	三叶草	21.63
2005-03-01	三叶草	22.01
2005-03-05	三叶草	22.05
2005-03-10	三叶草	22.16
2005-03-15	三叶草	22.17
2005-03-20	三叶草	22.18
2005-03-25	三叶草	22.19
2005-04-01	三叶草	22.21
2005-04-05	三叶草	22.25
2005-04-10	三叶草	22.34
2005-04-15	三叶草	22.35
2005-04-20	三叶草	22.36
2005-04-25	三叶草	22.37
2005-05-01	三叶草	22.51

（续）

日期	植被	地下水埋深（m）
2005-05-05	三叶草	22.55
2005-05-10	三叶草	22.56
2005-05-15	三叶草	22.57
2005-05-20	三叶草	22.98
2005-05-25	三叶草	23.05
2005-06-01	三叶草	23.09
2005-06-05	三叶草	23.45
2005-06-10	三叶草	23.96
2005-06-15	三叶草	24.01
2005-06-20	三叶草	24.05
2005-06-25	三叶草	24.27
2005-07-01	三叶草	24.15
2005-07-05	三叶草	24.09
2005-07-10	三叶草	24.09
2005-07-15	三叶草	24.01
2005-07-20	三叶草	23.85
2005-07-25	三叶草	23.61
2005-08-01	三叶草	23.61
2005-08-05	三叶草	23.54
2005-08-10	三叶草	23.09
2005-08-15	三叶草	22.95
2005-08-20	三叶草	22.81
2005-08-25	三叶草	22.76
2005-09-01	三叶草	22.77
2005-09-05	三叶草	22.05
2005-09-10	三叶草	22.04
2005-09-15	三叶草	21.95
2005-09-20	三叶草	21.95
2005-09-25	三叶草	21.81
2005-10-01	三叶草	21.80
2005-10-05	三叶草	21.75
2005-10-10	三叶草	21.71
2005-10-15	三叶草	21.70
2005-10-20	三叶草	21.69
2005-10-25	三叶草	21.68
2005-11-01	三叶草	21.65
2005-11-05	三叶草	21.55
2005-11-10	三叶草	21.41
2005-11-15	三叶草	21.39
2005-11-20	三叶草	21.29
2005-11-25	三叶草	21.25
2005-12-01	三叶草	21.21
2005-12-05	三叶草	21.10
2005-12-10	三叶草	20.95
2005-12-15	三叶草	20.65
2005-12-20	三叶草	20.43
2005-12-25	三叶草	20.15
2006-01-20	小麦	23.80

（续）

日期	植被	地下水埋深（m）
2006-02-20	小麦	23.50
2006-03-20	小麦	23.20
2006-04-20	小麦	23.10
2006-05-01	小麦	23.50
2006-05-05	小麦	23.55
2006-05-10	小麦	23.60
2006-05-15	小麦	23.60
2006-05-20	小麦	23.60
2006-05-25	小麦	23.60
2006-06-01	小麦	23.60
2006-06-05	小麦	23.45
2006-06-10	小麦	23.30
2006-06-15	小麦	22.90
2006-06-20	小麦	22.50
2006-06-25	小麦	22.15
2006-07-01	小麦	21.80
2006-07-05	草皮	21.45
2006-07-10	草皮	21.10
2006-07-15	草皮	21.10
2006-07-20	草皮	21.10
2006-07-25	草皮	20.50
2006-08-01	草皮	19.90
2006-08-05	草皮	19.75
2006-08-10	草皮	19.60
2006-08-15	草皮	19.55
2006-08-20	草皮	19.50
2006-08-25	草皮	19.90
2006-09-01	草皮	20.30
2006-09-05	草皮	20.15
2006-09-10	草皮	20.00
2006-09-15	草皮	19.90
2006-09-20	草皮	19.80
2006-09-25	草皮	19.60
2006-10-01	草皮	19.40
2006-10-05	草皮	19.35
2006-10-10	草皮	19.20
2006-10-15	草皮	19.90
2006-10-20	草皮	20.40
2006-11-20	草皮	20.20
2006-12-20	草皮	20.30
2007-01-01	人工草地	20.50
2007-02-01	人工草地	21.00
2007-03-01	人工草地	21.10
2007-04-01	人工草地	22.30
2007-05-01	人工草地	21.00
2007-05-10	人工草地	21.00
2007-05-20	人工草地	20.50
2007-06-01	人工草地	19.50

（续）

日期	植被	地下水埋深（m）
2007-06-10	人工草地	20.4
2007-06-20	人工草地	20.3
2007-07-01	人工草地	20.8
2007-07-10	人工草地	21.0
2007-07-20	人工草地	20.5
2007-08-01	人工草地	21.5
2007-08-10	人工草地	20.1
2007-08-20	人工草地	20.0
2007-09-01	人工草地	20.7
2007-09-10	人工草地	20.6
2007-09-20	人工草地	20.9
2007-10-01	人工草地	20.0
2007-10-10	人工草地	21.0
2007-10-20	人工草地	21.3
2007-11-01	人工草地	21.5
2007-12-01	人工草地	20.3
2008-01-01	人工草地	22.4
2008-02-01	人工草地	22.35
2008-03-01	人工草地	22.2
2008-04-01	人工草地	22.4
2008-05-01	人工草地	20.8
2008-06-01	人工草地	21.0
2008-06-10	人工草地	21.5
2008-06-20	人工草地	22.0
2008-07-01	人工草地	22.1
2008-07-10	人工草地	20.4
2008-07-20	人工草地	20.0
2008-08-01	人工草地	21.0
2008-08-10	人工草地	20.8
2008-08-20	人工草地	19.7
2008-09-01	人工草地	19.5
2008-09-10	人工草地	19.5
2008-09-20	人工草地	19.4
2008-10-01	人工草地	19.6
2008-10-10	人工草地	19.8
2008-10-20	人工草地	19.8
2008-11-01	人工草地	20.4
2008-12-01	人工草地	19.4

表4-101　办公区地下水位观测井地下水位记录

地面高程：234.64m

日期	植被	地下水埋深（m）
2004-01-01	苜蓿	24.80
2004-01-05	苜蓿	24.92
2004-01-10	苜蓿	24.35
2004-01-15	苜蓿	23.96
2004-01-20	苜蓿	23.87

（续）

日期	植被	地下水埋深（m）
2004-01-25	苜蓿	23.28
2004-01-30	苜蓿	23.29
2004-02-05	苜蓿	23.42
2004-02-10	苜蓿	23.53
2004-02-15	苜蓿	23.64
2004-02-20	苜蓿	23.79
2004-02-25	苜蓿	23.81
2004-02-29	苜蓿	23.92
2004-03-05	苜蓿	24.16
2004-03-10	苜蓿	24.39
2004-03-15	苜蓿	24.21
2004-03-20	苜蓿	24.46
2004-03-25	苜蓿	24.53
2004-03-30	苜蓿	24.63
2004-04-05	苜蓿	24.71
2004-04-10	苜蓿	24.87
2004-04-15	苜蓿	24.92
2004-04-20	苜蓿	24.62
2004-04-25	苜蓿	24.17
2004-04-30	苜蓿	24.41
2004-05-05	苜蓿	24.53
2004-05-10	苜蓿	24.69
2004-05-15	苜蓿	24.74
2004-05-20	苜蓿	24.88
2004-05-25	苜蓿	24.90
2004-05-30	苜蓿	25.00
2004-06-05	苜蓿	25.14
2004-06-10	苜蓿	25.25
2004-06-15	苜蓿	25.35
2004-06-20	苜蓿	25.46
2004-06-25	苜蓿	26.48
2004-06-30	苜蓿	26.77
2004-07-05	苜蓿	27.83
2004-07-10	苜蓿	27.91
2004-07-15	苜蓿	28.15
2004-07-20	苜蓿	28.43
2004-07-25	苜蓿	28.79
2004-07-30	苜蓿	28.90
2004-08-05	苜蓿	28.15
2004-08-10	苜蓿	27.92
2004-08-15	苜蓿	27.67
2004-08-20	苜蓿	27.56
2004-08-25	苜蓿	27.43
2004-08-30	苜蓿	27.19
2004-09-05	苜蓿	26.92
2004-09-10	苜蓿	26.83
2004-09-15	苜蓿	26.58
2004-09-20	苜蓿	26.34

（续）

日期	植被	地下水埋深（m）
2004-09-25	苜蓿	26.27
2004-09-30	苜蓿	26.17
2004-10-05	苜蓿	25.67
2004-10-10	苜蓿	25.43
2004-10-15	苜蓿	25.36
2004-10-20	苜蓿	25.10
2004-10-25	苜蓿	24.92
2004-10-30	苜蓿	24.86
2004-11-05	苜蓿	24.74
2004-11-10	苜蓿	24.31
2004-11-15	苜蓿	24.25
2004-11-20	苜蓿	24.16
2004-11-25	苜蓿	23.74
2004-11-30	苜蓿	23.11
2004-12-05	苜蓿	24.17
2004-12-10	苜蓿	24.54
2004-12-15	苜蓿	24.32
2004-12-20	苜蓿	24.18
2004-12-25	苜蓿	24.23
2004-12-30	苜蓿	24.30
2005-01-01	苜蓿	21.14
2005-01-05	苜蓿	21.15
2005-01-10	苜蓿	21.65
2005-01-15	苜蓿	21.75
2005-01-20	苜蓿	21.82
2005-01-25	苜蓿	21.93
2005-02-01	苜蓿	22.15
2005-02-05	苜蓿	22.25
2005-02-10	苜蓿	22.31
2005-02-15	苜蓿	22.32
2005-02-20	苜蓿	22.45
2005-02-25	苜蓿	23.65
2005-03-01	苜蓿	23.75
2005-03-05	苜蓿	23.81
2005-03-10	苜蓿	24.10
2005-03-15	苜蓿	24.11
2005-03-20	苜蓿	24.15
2005-03-25	苜蓿	24.16
2005-04-01	苜蓿	24.19
2005-04-05	苜蓿	24.20
2005-04-10	苜蓿	24.20
2005-04-15	苜蓿	24.21
2005-04-20	苜蓿	24.21
2005-04-25	苜蓿	24.25
2005-05-01	苜蓿	24.33
2005-05-05	苜蓿	24.45
2005-05-10	苜蓿	24.55
2005-05-15	苜蓿	24.95

（续）

日期	植被	地下水埋深（m）
2005-05-20	苜蓿	25.11
2005-05-25	苜蓿	25.15
2005-06-01	苜蓿	25.21
2005-06-05	苜蓿	25.22
2005-06-10	苜蓿	25.23
2005-06-15	苜蓿	25.24
2005-06-20	苜蓿	25.95
2005-06-25	苜蓿	25.96
2005-07-01	苜蓿	25.85
2005-07-05	苜蓿	25.63
2005-07-10	苜蓿	25.44
2005-07-15	苜蓿	25.31
2005-07-20	苜蓿	24.96
2005-07-25	苜蓿	24.71
2005-08-01	苜蓿	23.62
2005-08-05	苜蓿	23.54
2005-08-10	苜蓿	23.12
2005-08-15	苜蓿	23.11
2005-08-20	苜蓿	22.95
2005-08-25	苜蓿	22.91
2005-09-01	苜蓿	22.85
2005-09-05	苜蓿	22.71
2005-09-10	苜蓿	22.75
2005-09-15	苜蓿	22.71
2005-09-20	苜蓿	22.69
2005-09-25	苜蓿	22.55
2005-10-01	苜蓿	22.49
2005-10-05	苜蓿	22.45
2005-10-10	苜蓿	22.41
2005-10-15	苜蓿	22.35
2005-10-20	苜蓿	22.32
2005-10-25	苜蓿	22.29
2005-11-01	苜蓿	22.15
2005-11-05	苜蓿	22.11
2005-11-10	苜蓿	22.05
2005-11-15	苜蓿	21.95
2005-11-20	苜蓿	21.91
2005-11-25	苜蓿	21.85
2005-12-01	苜蓿	21.79
2005-12-05	苜蓿	21.73
2005-12-10	苜蓿	21.65
2005-12-15	苜蓿	21.52
2005-12-20	苜蓿	21.23
2005-12-25	苜蓿	21.15
2006-01-20	苜蓿	23.90
2006-02-20	苜蓿	23.70
2006-03-20	苜蓿	23.30
2006-04-20	苜蓿	23.10

（续）

日期	植被	地下水埋深（m）
2006-05-01	苜蓿	23.50
2006-05-05	苜蓿	23.50
2006-05-10	苜蓿	23.50
2006-05-15	苜蓿	23.55
2006-05-20	苜蓿	23.60
2006-05-25	苜蓿	23.60
2006-06-01	苜蓿	23.60
2006-06-05	苜蓿	23.45
2006-06-10	苜蓿	23.30
2006-06-15	苜蓿	22.75
2006-06-20	苜蓿	22.20
2006-06-25	苜蓿	21.90
2006-07-01	苜蓿	21.60
2006-07-05	苜蓿	21.30
2006-07-10	苜蓿	21.00
2006-07-15	苜蓿	21.00
2006-07-20	苜蓿	21.00
2006-07-25	苜蓿	20.70
2006-08-01	苜蓿	20.40
2006-08-05	苜蓿	20.00
2006-08-10	苜蓿	19.60
2006-08-15	苜蓿	19.55
2006-08-20	苜蓿	19.50
2006-08-25	苜蓿	19.85
2006-09-01	苜蓿	20.20
2006-09-05	苜蓿	20.00
2006-09-10	苜蓿	19.80
2006-09-15	苜蓿	19.80
2006-09-20	苜蓿	19.80
2006-09-25	苜蓿	19.78
2006-10-01	苜蓿	19.60
2006-10-05	苜蓿	19.45
2006-10-10	苜蓿	19.20
2006-10-15	苜蓿	19.70
2006-10-20	苜蓿	20.40
2006-11-20	苜蓿	20.20
2006-12-20	苜蓿	20.50
2007-01-01	苜蓿	21.00
2007-02-01	苜蓿	21.20
2007-03-01	苜蓿	20.90
2007-04-01	苜蓿	22.30
2007-05-01	苜蓿	20.90
2007-05-10	苜蓿	21.00
2007-05-20	苜蓿	20.40
2007-06-01	苜蓿	19.60
2007-06-10	苜蓿	20.30
2007-06-20	苜蓿	20.30
2007-07-01	苜蓿	20.80

（续）

日期	植被	地下水埋深（m）
2007-07-10	苜蓿	20.8
2007-07-20	苜蓿	20.1
2007-08-01	苜蓿	21.3
2007-08-10	苜蓿	20.1
2007-08-20	苜蓿	20.0
2007-09-01	苜蓿	20.6
2007-09-10	苜蓿	20.6
2007-09-20	苜蓿	20.8
2007-10-01	苜蓿	20.1
2007-10-10	苜蓿	20.8
2007-10-20	苜蓿	21.0
2007-11-01	苜蓿	21.4
2007-12-01	苜蓿	20.2
2008-01-01	苜蓿	22.35
2008-02-01	苜蓿	22.4
2008-03-01	苜蓿	22.3
2008-04-01	苜蓿	22.3
2008-05-01	苜蓿	20.8
2008-06-01	苜蓿	21
2008-06-10	苜蓿	21.5
2008-06-20	苜蓿	21.8
2008-07-01	苜蓿	22
2008-07-10	苜蓿	20.5
2008-07-20	苜蓿	19.9
2008-08-01	苜蓿	21
2008-08-10	苜蓿	0.21
2008-08-20	苜蓿	19.7
2008-09-01	苜蓿	19.5
2008-09-10	苜蓿	19.5
2008-09-20	苜蓿	19.5
2008-10-01	苜蓿	19.6
2008-10-10	苜蓿	19.7
2008-10-20	苜蓿	19.8
2008-11-01	苜蓿	20.4
2008-12-01	苜蓿	19.3

4.3.4 土壤水分常数

4.3.4.1 综合观测场

表 4-102 综合观测场土壤水分常数

年份	采样层次（cm）	土壤质地	土壤完全持水量（%）	土壤田间持水量（%）	土壤凋萎含水量（%）	土壤孔隙度（%）	容重（g/cm³）	水分特征曲线方程
2005	0～20	壤黏土	48.68	39.45	10.65	56.87	1.15	$\theta=31.858\Psi^{-0.1191}$ $R^2=0.954$
2005	20～40	壤黏土	51.37	38.13	10.81	58.45	1.09	$\theta=30.612\Psi^{-0.1147}$ $R^2=0.9897$

（续）

年份	采样层次（cm）	土壤质地	土壤完全持水量（%）	土壤田间持水量（%）	土壤凋萎含水量（%）	土壤孔隙度（%）	容重（g/cm³）	水分特征曲线方程
2005	40～60	壤黏土	52.43	37.50	11.08	58.39	1.12	$\theta=27.949\Psi^{-0.154}$ $R^2=0.994$
2005	60～80	壤黏土	45.63	35.92	11.32	55.76	1.19	$\theta=30.121\Psi^{-0.1372}$ $R^2=0.9886$
2005	80～100	壤黏土	42.38	34.56	11.57	53.78	1.26	$\theta=32.764\Psi^{-0.125}$ $R^2=0.9795$
2005	100～120	壤黏土	38.39	33.50	11.73	51.57	1.32	$\theta=30.173\Psi^{-0.1139}$ $R^2=0.9941$
2005	120～140	壤黏土	37.07	31.48	11.74	49.66	1.37	$\theta=30.233\Psi^{-0.105}$ $R^2=0.9768$
2005	140～160	壤黏土	36.91	32.18	11.21	49.26	1.38	$\theta=31.833\Psi^{-0.1116}$ $R^2=0.9473$
2005	160～180	壤黏土	32.85	29.92	10.54	45.96	1.47	$\theta=33.595\Psi^{-0.1099}$ $R^2=0.95$
2005	180～200	壤黏土	31.15	28.76	10.27	44.18	1.51	$\theta=31.59\Psi^{-0.0939}$ $R^2=0.9715$

4.3.4.2 气象观测场

表 4-103 气象观测场土壤水分常数

年份	采样层次（cm）	土壤质地	土壤完全持水量（%）	土壤田间持水量（%）	土壤凋萎含水量（%）	土壤孔隙度（%）	容重（g/cm³）
2005	0～20	壤黏土	58.67	40.09	11.20	60.47	1.04
2005	20～40	壤黏土	39.25	38.54	11.76	55.03	1.18
2005	40～60	壤黏土	42.38	36.90	11.98	54.63	1.21
2005	60～80	黏土	43.84	35.02	12.05	53.86	1.24
2005	80～100	黏土	40.38	34.86	12.65	53.36	1.26
2005	100～120	黏土	37.61	33.20	11.89	50.44	1.34
2005	120～140	壤黏土	35.79	32.88	11.40	50.17	1.35
2005	140～160	壤黏土	35.73	31.59	10.96	48.71	1.38
2005	160～180	壤黏土	34.37	28.38	11.04	46.36	1.45
2005	180～200	壤黏土	33.28	27.61	10.46	46.06	1.46

4.3.5 雨水水质状况

表 4-104 雨水水质状况

样地名称：气象要素观测场雨水采集器

年份	月份	温度（℃）	pH	矿化度（mg/L）	硫酸根（mg/L）	非溶性物质总含量（mg/L）
2004	01	−20.2	6.54	132.0	35.3	596.3
2004	04	0.1	6.94	150.2	27.8	384.3
2004	07	20.3	6.51	126.5	22.8	211.7
2004	10	8.1	6.34	115.3	15.4	239.5

（续）

年份	月份	温度（℃）	pH	矿化度 (mg/L)	硫酸根 (mg/L)	非溶性物质总含量 (mg/L)
2005	01	−13.3	6.56	30.5	0.4	168.4
2005	04	0.1	6.79	30.3	0.6	178.6
2005	07	20.1	7.15	28.1	0.3	141.3
2005	10	11.2	6.72	16.5	0.8	137.2
2006	01	−11.6	6.49	30.2	0.4	195.2
2006	04	−1.2	6.81	28.2	0.6	177.2
2006	07	19.6	6.98	27.0	0.3	141.1
2006	10	11.0	6.75	16.1	0.7	136.2
2007	07	18.7	6.62	30.24	0.42	195.25
2007	07	16.3	6.33	28.24	0.62	177.16
2007	07	19.6	6.23	27.02	0.31	141.15
2007	07	19.9	6.34	16.10	0.74	136.16
2008	01	−5.6	6.81	27.12	0.37	171.25
2008	05	4.7	6.43	24.25	0.52	162.35
2008	07	18.7	6.34	27.02	0.30	106.25
2008	10	5.2	6.86	14.31	0.47	126.87

4.3.6 农田灌溉量

4.3.6.1 水肥耦合长期定位试验观测场

表 4-105 水肥耦合长期定位试验灌溉量

日期	作物名称	灌溉方式	灌溉面积（hm^2）	灌溉量（mm）
2004-06-12	大豆	漫灌	0.16	20.0
2004-06-14	大豆	漫灌	0.08	20.0
2004-06-25	大豆	漫灌	0.16	40.0
2004-06-28	大豆	漫灌	0.08	20.0
2004-07-04	大豆	漫灌	0.08	20.0
2004-07-04	大豆	漫灌	0.08	40.0
2004-08-23	大豆	漫灌	0.08	20.0
2004-08-23	大豆	漫灌	0.08	40.0
2005-06-27	玉米	漫灌	0.09	10.0
2005-06-27	玉米	漫灌	0.09	20.0
2005-07-04	玉米	漫灌	0.09	10.0
2005-07-04	玉米	漫灌	0.09	20.0
2005-07-24	玉米	漫灌	0.09	10.0
2005-07-24	玉米	漫灌	0.09	20.0
2006-06-03	大豆	漫灌	0.18	20.0
2006-07-03	大豆	漫灌	0.09	20.0
2006-07-04	大豆	漫灌	0.09	10.0
2006-07-04	大豆	漫灌	0.09	20.0
2006-07-24	大豆	漫灌	0.09	10.0
2006-07-24	大豆	漫灌	0.09	20.0
2007-06-24	玉米	漫灌	0.17	17.3
2007-07-14	玉米	漫灌	0.17	17.3
2007-08-08	玉米	漫灌	0.17	17.3
2007-09-09	玉米	漫灌	0.17	17.3
2008-06-20	大豆	漫灌	0.17	20.0
2008-08-04	大豆	漫灌	0.17	15.0

4.3.7 水质分析方法

表 4-106 水质分析方法

分析项目名称	分析方法名称	参照国标名称
PH 值	电位法	GB6920—86
钙离子	原子吸收法	GB11905—89
镁离子	原子吸收法	GB11905—89
钾离子	原子吸收法	GB11905—89
钠离子	原子吸收法	GB11905—89
碳酸根离子	双指示剂法	GB8583—1995
重碳酸根离子	双指示剂法	GB8583—1995
氯化物	AgNO3 容量法	GB 11896—89
硫酸根离子	EDTA 间接络合法	GB 11899—89
磷酸根离子	流动注射法	GB/T8538—1955
硝酸根离子	流动注射法	GB/T8538—1955
矿化度	电导法	—
化学需氧量（COD）	重铬酸钾标准回流法	GB11914—89
水中溶解氧（DO）	—	
总氮	碱性过硫酸钾消解—紫外分光光度法	GB/T11894—89
总磷	钼锑抗比色法	GB9837—88
PH 值	—	GB6920—86
矿化度	电导法	—
硫酸根	—	—
非溶性物质总含量		

4.4 气象监测数据

4.4.1 温度

表 4-107 自动观测气象要素—温度

单位:℃

年份	月份	日平均值月平均	日最大值月平均	日最小值月平均	月极大值	月极小值
2000	1	−24.10	−19.08	−28.81	−13.17	−34.14
2000	2	−19.20	−12.04	−22.04	−8.95	−28.22
2000	3	−8.37	−2.66	−12.26	1.60	−24.97
2000	4	4.99	10.24	−0.48	21.55	−7.09
2000	5	13.97	19.08	6.79	28.83	0.93
2000	6	21.56	27.07	13.35	33.99	8.18
2000	7	22.52	27.62	17.28	33.61	12.43
2000	8	22.59	17.87	11.25	29.86	12.28
2000	9	15.2	21.12	8.22	30.29	2.51
2000	10	2.92	8.18	−2.28	15.45	−10.24
2000	11	−5.73	−0.44	−5.87	9.26	−19.3
2000	12	−22.92	−18.25	−27.85	−8.89	−36.68
2001	1	−26.51	−21.32	−30.84	−10.04	−39.63
2001	2	−21.11	−13.69	−24.03	−2.17	−36.95
2001	3	−7.8	−2.94	−12.95	7.4	−26.89

（续）

年份	月份	日平均值月平均	日最大值月平均	日最小值月平均	月极大值	月极小值
2001	4	5.34	11.11	−0.28	26.84	−7.33
2001	5	14.07	20.25	7.91	31.15	1.6
2001	6	22.03	18.59	9.31	37.63	5.19
2001	7	22.02	26.99	17.12	32.91	9.57
2001	8	19.98	25.12	15.12	29.45	6.67
2001	9	13.06	19.62	5.86	28.41	−4.56
2001	10	5.7	12.61	−0.51	21.55	−7.7
2001	11	−6.53	0	−11.75	11.38	−24.3
2001	12	−18.75	−12.98	−23.32	−6.51	−30.29
2002	1	−17.97	−12.62	−22.44	−3.69	−31.28
2002	2	−12.54	−5.98	−16.72	4.66	−30.01
2002	3	−2.22	4.88	−9.34	17.62	−24.5
2002	4	6.36	10.71	1.18	20.16	−7.95
2002	5	14.72	20.82	8.15	31.07	−0.46
2002	6	17.91	22.32	12.25	31.75	6.01
2002	7	21.56	26.1	17.35	31.05	13.84
2002	8	18.45	23.2	14.14	27.39	8.65
2002	9	13.35	20.4	6.19	27.15	−0.83
2002	10	1.6	6.63	−2.87	23.22	−12.56
2002	11	−13.24	−8	−17.04	0.26	−25.42
2002	12	−20.94	−15.48	−25.75	1.16	−33.06
2003	1	−21.26	−16.03	−25.7	−5.33	−33.47
2003	2	−13.87	−6.74	−18.21	2.21	−28.34
2003	3	−1.88	4.79	−8.4	24	−19.06
2003	4	7.07	13.25	0.64	25.59	−7.33
2003	5	13.98	20.96	6.66	30.51	−5.72
2003	6	20.09	25.07	13.5	32.86	5.48
2003	7	20.33	24.18	16.95	29.41	11.91
2003	8	18.36	22.9	14.39	27.02	6.23
2003	9	13.33	18.16	8	26.66	0.5
2003	10	4.14	9.07	−0.02	16.79	−6.78
2003	11	−8.63	−3.59	−12.58	8.18	−26.81
2003	12	−17.24	−12.07	−21.56	−7.4	−26.26
2004	1	−21.01	−16.39	−25.21	−12.49	−31.07
2004	2	−15.9	−9.73	−20.13	−1.74	−29.76
2004	3	−6.13	−0.58	−11.22	12.66	−30.42
2004	4	4.45	9.98	−1.23	21.93	−6.08
2004	5	12.99	18.45	7.24	27.68	−0.08
2004	6	21.57	26.81	13.97	34.82	5.42
2004	7	21.2	25.48	16.91	29.53	12.51
2004	8	19.22	24.95	13.96	30.94	6.46
2004	9	15.62	12.47	5.99	26.77	3.48
2005	1	−20.07	−15.24	−24.81	−7.8	−31.8
2005	2	−20.46	−12.98	−23.04	−8.4	−30.4
2005	3	−7.72	−1.44	−13.78	11.1	−27

（续）

年份	月份	日平均值月平均	日最大值月平均	日最小值月平均	月极大值	月极小值
2005	4	5.02	9.96	0.09	18.7	−6.5
2005	5	11.64	17.09	5.63	26.9	0.4
2005	6	20.54	25.04	14.55	32.9	10.3
2005	7	21.38	25.42	17.94	29.5	13.2
2005	8	19.85	24.91	14.99	30.5	4.1
2005	9	14.26	19.73	8.52	28.8	1.8
2005	10	4.96	11.23	−0.46	20.3	−10.3
2005	11	−6.8	−1.03	−11.75	13	−23.5
2005	12	−20.16	−15.18	−24.51	−3.4	−29.6
2006	1	−23.22	−17.44	−25.83	−9.8	−34.2
2006	2	−19	−11.42	−22.25	0.7	−33.8
2006	3	−7.43	−1.75	−12.32	4.6	−21.7
2006	4	3.26	8.38	−2.06	18.3	−7
2006	5	15.19	21.85	7.95	31.3	0.5
2006	6	18.13	21.88	13.54	30.7	8
2006	7	21.59	26.62	17.01	33.5	8.7
2006	8	20.85	25.97	15.83	30.7	8.1
2006	9	13.78	19.65	7.28	27.2	2.1
2006	10	4.42	10.16	−0.9	24.8	−10.6
2006	11	−8.97	−3.96	−13.24	13.5	−23
2006	12	−17.1	−12	−21.41	−3.4	−30.3
2007	1	−15.09	−9.04	−20.1	−3.6	−27.5
2007	2	−12.43	−5.9	−16.43	2.1	−24.8
2007	3	−6.18	−1.33	−11.13	7	−20.6
2007	4	5.06	10.47	−0.49	25.7	−8.9
2007	5	13.13	18.54	7.63	27.1	1.1
2007	6	21.62	26.67	15.2	35.8	6.9
2007	7	22.14	27.68	16.46	31.8	8.2
2007	8	20.24	25.16	14.18	30.6	7.2
2007	9	14.43	20.21	8.57	29	−0.3
2007	10	4.84	11.27	−1.18	23.8	−8.2
2007	11	−7.11	−1.01	−11.91	9.6	−24.3
2007	12	−15.52	−10.07	−19.99	−4.6	−25.2
2008	1	−23.38	−18.06	−27.7	−10.3	−34
2008	2	−15.8	−8.88	−19.99	−0.2	−27.3
2008	3	0.23	5.85	−5.15	24	−18.4
2008	4	7.68	13.52	1.83	28.9	−5.9
2008	5	12.72	17.99	7.16	26.2	−0.4
2008	6	21.58	26.48	14.68	36.6	6.2
2008	7	22.46	26.75	18.52	30.5	15
2008	8	20.51	25.84	15.6	29.7	11
2008	9	13.35	18.85	7.44	25.9	−0.3
2008	10	5.83	11.3	0.96	17.3	−6.3
2008	11	−9.08	−3.88	−12.94	7.2	−23.6
2008	12	−18.2	−13.09	−23.08	2.2	−31.4

4.4.2　湿度

表 4－108　自动观测气象要素—湿度

单位:%

年份	月份	日平均值月平均	日最大值月平均	日最小值月平均	月极大值
2005	1	65	43	16	5
2005	2	60	34	22	12
2005	3	50	28	12	19
2005	4	54	28	10	19
2005	5	64	36	13	4
2005	6	79	53	14	7
2005	7	84	61	45	17
2005	8	83	58	31	31
2005	9	76	44	24	29
2005	10	57	29	10	25
2005	11	58	33	13	9
2005	12	68	46	31	3

4.4.3　气压

表 4－109　自动观测气象要素—气压

单位：hPa

年份	月份	日平均值月平均	日最大值月平均	日最小值月平均	月极大值	月极小值
2000	1	1016.38	1291.20	993.49	1 002.1	967.9
2000	2	990.37	896.33	892.85	1 002.9	981.0
2000	3	984.89	828.55	823.46	996.0	970.2
2000	4	978.85	950.57	943.70	991.6	967.5
2000	5	980.12	919.65	913.29	990.8	966.8
2000	6	978.08	948.49	944.33	989.6	968.9
2000	7	974.24	977.07	971.52	985.7	957.7
2000	8	981.37	634.21	631.96	987.9	969.6
2000	9	986.45	957.35	951.95	997.0	976.0
2000	10	987.42	991.69	983.11	1 000.6	975.8
2000	11	990.37	513.78	508.87	1 007.5	971.6
2000	12	993.01	996.09	990.13	1 006.9	977.9
2001	1	994.13	996.75	991.66	1 008.5	977.9
2001	2	991.18	927.86	922.55	1 003.5	972.9
2001	3	981.86	985.13	979.05	995.8	962.4
2001	4	980.61	985.10	976.54	991.7	965.2
2001	5	975.88	978.36	973.22	986.9	960.8
2001	6	971.23	651.51	617.90	983.1	63.0
2001	7	980.22	981.97	978.40	992.3	969.5
2001	8	982.78	984.66	980.91	992.3	968.1
2001	9	986.92	989.86	983.88	1 002.3	976.0
2001	10	990.66	993.30	988.00	1 000.3	976.8
2001	11	988.40	990.98	985.92	998.2	979.0
2001	12	995.65	998.12	993.10	1 009.6	977.3
2002	1	990.07	993.28	986.77	1 002.5	973.6
2002	2	989.81	926.55	920.97	1 002.0	976.9

（续）

年份	月份	日平均值月平均	日最大值月平均	日最小值月平均	月极大值	月极小值
2002	3	982.09	985.64	978.53	1 004.3	959.9
2002	4	978.73	981.79	975.48	991.6	965.5
2002	5	981.41	983.61	970.78	993.5	716.5
2002	6	978.89	980.84	976.60	989.9	966.7
2002	7	977.74	979.22	976.01	990.2	964.1
2002	8	981.98	983.62	980.49	991.3	967.8
2002	9	987.58	989.36	985.57	994.6	979.7
2002	10	988.48	991.31	985.56	1 004.8	970.0
2002	11	990.22	992.73	987.92	1 003.8	969.6
2002	12	996.34	999.29	993.38	1 007.3	970.0
2003	1	992.79	995.72	989.90	1 005.8	973.5
2003	2	992.93	929.49	924.38	1 003.2	973.5
2003	3	991.70	993.63	989.60	1 009.6	976.8
2003	4	982.80	986.00	979.05	995.4	965.4
2003	5	981.83	984.56	978.59	991.3	964.7
2003	6	976.67	978.80	974.21	987.7	966.1
2003	7	977.98	979.41	976.28	985.0	967.9
2003	8	978.89	981.04	976.91	989.8	966.8
2003	9	984.71	987.35	981.98	993.3	969.5
2003	10	985.94	988.75	983.25	1 000.3	974.0
2003	11	993.73	996.70	990.36	1 012.3	973.1
2003	12	991.44	994.57	988.38	1 004.1	973.3
2004	1	992.52	995.29	989.67	1 007.3	978.9
2004	2	985.37	956.22	948.95	999.6	964.2
2004	3	984.17	987.12	981.39	994.3	951.8
2004	4	981.81	985.18	978.25	992.3	968.4
2004	5	974.49	978.19	971.28	991.1	952.6
2004	6	980.21	982.44	977.47	992.8	971.0
2004	7	977.13	979.24	974.99	986.0	965.0
2004	8	981.23	983.33	978.72	990.0	968.4
2004	9	983.74	591.52	588.90	994.1	969.3
2005	1	990.90	993.94	988.09	1 001.3	972.2
2005	2	993.80	929.55	925.59	1 006.5	977.3
2005	3	986.33	989.52	983.03	1 000.4	970.6
2005	4	977.76	982.76	973.54	995.1	944.8
2005	5	979.20	981.75	976.68	991.2	968.4
2005	6	974.89	976.66	972.92	983.1	969.0
2005	7	976.82	978.74	974.98	986.7	964.6
2005	8	980.90	982.72	978.97	990.3	970.2
2005	9	986.82	988.87	984.73	996.2	975.0
2005	10	987.85	991.11	984.31	1 009.0	971.4
2005	11	987.18	990.05	985.01	1 003.2	971.6
2005	12	993.15	995.81	990.55	1 006.7	981.8
2006	1	995.35	931.60	926.53	1 006.9	981.0
2006	2	991.86	928.76	922.13	1 006.3	969.0
2006	3	983.27	954.01	946.99	996.7	970.1
2006	4	980.81	983.85	978.06	992.0	957.2
2006	5	980.61	983.29	977.62	992.3	970.2

（续）

年份	月份	日平均值月平均	日最大值月平均	日最小值月平均	月极大值	月极小值
2006	6	976.26	978.41	974.27	985.6	962.8
2006	7	976.12	977.74	974.47	988.6	968.1
2006	8	980.73	982.35	979.05	988.3	973.3
2006	9	986.62	955.87	951.38	996.3	969.3
2006	10	989.80	993.22	986.07	1004.6	975.6
2006	11	988.20	991.70	985.06	1 008.1	967.2
2006	12	995.34	997.89	993.09	1 006.9	983.4
2007	1	995.45	997.26	993.70	1 003.4	983.8
2007	2	987.95	925.82	917.88	1 002.4	967.4
2007	3	987.69	990.82	984.77	1 003.1	958.9
2007	4	983.61	986.22	981.21	994.5	960.3
2007	5	975.99	979.05	972.71	989.4	964.3
2007	6	977.79	979.86	975.46	986.7	964.6
2007	7	974.82	977.82	942.45	983.9	20.6
2007	8	978.77	948.37	943.95	988.3	965.9
2007	9	986.12	988.50	983.79	1 002.2	977.3
2007	10	988.75	991.38	985.81	1 000.5	973.4
2007	11	991.27	994.52	988.05	1 004.4	975.4
2007	12	991.39	993.55	989.27	1 004.2	974.6
2008	1	996.47	998.85	994.44	1 010.2	982.3
2008	2	992.39	962.00	956.68	1 006.4	974.1
2008	3	986.35	989.44	983.53	996.9	974.4
2008	4	981.63	984.56	978.79	993.5	964.8
2008	5	978.51	981.19	975.60	995.2	966.0
2008	6	980.75	982.62	978.50	991.0	967.6
2008	7	976.75	978.80	974.71	985.0	961.9
2008	8	980.67	982.32	978.76	990.2	972.2
2008	9	982.78	985.53	979.89	992.6	970.9
2008	10	986.39	989.03	983.70	996.2	973.8
2008	11	989.26	992.28	986.49	1 003.5	969.9
2008	12	987.90	992.03	983.97	1 003.2	971.6

4.2.4　降水

表 4－110　自动观测气象要素—降水

单位：mm

年份	月份	合计	最高
2001	1	0	0
2001	2	0	0
2001	3	0	0
2001	4	0	0
2001	5	0	0
2001	6	0	0
2001	7	16.7	16.8
2001	8	2.3	8.49
2001	9	0	0
2001	10	0	0

（续）

年份	月份	合计	最高
2001	11	0	0
2001	12	0.4	0.4
2002	1	0	0
2002	2	0	0
2002	3	0	0
2002	4	0	0
2002	5	12.1	37.6
2002	6	14.1	175.4
2002	7	39.5	185.3
2002	8	24.8	84.4
2002	9	4.1	8.0
2002	10	3.8	71.4
2002	11	0	0
2002	12	0	0
2003	1	0	0
2003	2	0	0
2003	3	0	0
2003	4	1.5	10.4
2003	5	4.3	31.4
2003	6	16.2	51.0
2003	7	16.2	173.0
2003	8	52.4	278.6
2003	9	15.2	71.5
2003	10	1.4	11.0
2003	11	0	0
2003	12	0	0
2004	1	0	0
2004	2	0	0
2004	3	0	0
2004	4	0.7	0.7
2004	5	16.4	29.8
2004	6	0.1	0.1
2004	7	10.2	87.5
2004	8	1.0	3.1
2004	9	0	0
2005	1	0	0
2005	2	0	0
2005	3	0.4	0.8
2005	4	5.6	74
2005	5	5.4	51.2
2005	6	9.6	88.2
2005	7	9.6	113.2
2005	8	18.6	88.2
2005	9	27.2	107.0
2005	10	1.0	2.4
2005	11	2.0	4.8
2005	12	0	0
2006	1	0	0

（续）

年份	月份	合计	最高
2006	2	0.4	1
2006	3	0.4	2.2
2006	4	9.4	28.0
2006	5	3.6	9.4
2006	6	9.8	135.6
2006	7	41.4	228.0
2006	8	15.0	51.4
2006	9	9.2	51.4
2006	10	4.6	15.2
2006	11	0.2	0.4
2006	12	0	0
2007	1	0	0
2007	2	0	0
2007	3	2.6	12.6
2007	4	2.8	21.4
2007	5	11.6	124.6
2007	6	10.0	16.0
2007	7	18.8	82.38
2007	8	16.8	78.6
2007	9	6.8	30.6
2007	10	3.8	22.0
2007	11	0.2	0.4
2007	12	0	0
2008	1	0	0
2008	2	0	0
2008	3	2.0	35.4
2008	4	2.6	34.0
2008	5	8.6	55.0
2008	6	10.4	48.4
2008	7	21.8	141.2
2008	8	26.8	135.0
2008	9	7.4	40.8
2008	10	4.6	33.6
2008	11	0.2	0.8
2008	12	0	0

4.2.5 风速

表 4-111 自动观测气象要素—风速

单位：m/s

年份	月份	月平均风速	最大风速
2000	1	2.19	3.93
2000	2	3.79	5.82
2000	3	3.16	5.47
2000	4	4.5	9.15
2000	5	2.84	6.44
2000	6	4.05	7.79
2000	7	2.84	5.27

（续）

年份	月份	月平均风速	最大风速
2000	8	2.22	2.52
2000	9	3.56	6.34
2000	10	4.18	7.08
2000	11	3.65	3.41
2000	12	2.63	4.82
2001	1	1.97	3.55
2001	2	2.77	4.36
2001	3	3.77	6.39
2001	4	4.45	8.31
2001	5	4.3	7.62
2001	6	2.76	4.25
2001	7	2.67	4.91
2001	8	2.12	4.22
2001	9	3.41	6.81
2001	10	3.58	6.19
2001	11	3.43	6.35
2001	12	2.71	4.69
2002	1	3.18	5.30
2002	2	3.08	5.02
2002	3	4.09	7.69
2002	4	3.89	7.13
2002	5	4.04	7.35
2002	6	3.54	6.24
2002	7	2.47	4.44
2002	8	2.57	4.63
2002	9	2.77	4.92
2002	10	3.43	6.08
2002	11	2.57	4.67
2002	12	2.64	4.82
2003	1	2.89	4.95
2003	2	2.77	4.48
2003	3	3.63	6.74
2003	4	4.43	7.84
2003	5	4.52	7.93
2003	6	3.69	6.61
2003	7	3.12	5.47
2003	8	2.61	5.02
2003	9	3.04	5.48
2003	10	3.06	5.65
2003	11	3.44	5.79
2003	12	2.77	4.67
2004	1	2.5	4.27
2004	2	3.01	5.10
2004	3	3.96	6.55
2004	4	4.48	8.09
2004	5	4.94	8.70
2004	6	3.68	6.70
2004	7	2.67	4.74
2004	8	2.91	5.31

（续）

年份	月份	月平均风速	最大风速
2004	9	3.06	3.29
2005	1	2.47	3.92
2005	2	2.56	4.14
2005	3	3.99	6.84
2005	4	4.17	7.53
2005	5	4.05	7.28
2005	6	2.71	5.21
2005	7	2.66	4.50
2005	8	2.10	3.89
2005	9	2.47	4.61
2005	10	3.79	6.48
2005	11	2.75	5.11
2005	12	2.50	4.67
2006	1	1.11	1.59
2006	2	2.59	4.45
2006	3	3.37	5.88
2006	4	3.82	6.95
2006	5	4.01	7.12
2006	6	2.89	5.08
2006	7	2.02	4.12
2006	8	1.85	3.79
2006	9	3.24	0.93
2006	10	3.22	5.01
2006	11	2.99	5.19
2006	12	2.24	4.03
2007	1	2.02	3.88
2007	2	3.41	5.50
2007	3	3.71	6.18
2007	4	3.48	6.52
2007	5	3.47	6.44
2007	6	3.42	5.96
2007	7	2.55	8.91
2007	8	2.44	4.02
2007	9	2.30	4.25
2007	10	3.34	5.91
2007	11	3.22	5.71
2007	12	1.96	3.51
2008	1	2.05	3.60
2008	2	2.80	4.64
2008	3	3.30	5.64
2008	4	3.73	6.55
2008	5	3.43	6.17
2008	6	2.64	4.83
2008	7	2.26	4.15
2008	8	2.41	4.41
2008	9	3.34	5.89
2008	10	3.24	5.64
2008	11	3.05	5.04
2008	12	2.84	4.90

4.2.6 地表温度

表 4-112 自动观测气象要素—地表温度

单位:℃

年份	月份	日平均值月平均	日最大值月平均	日最小值月平均	月极大值	月极小值
2000	1	−17.99	−12.75	−22.19	−8.12	−29.46
2000	2	−19.44	−2.54	−32.76	96	−263.49
2000	3	−5.17	3.32	−10.31	14.51	−21.03
2000	4	6.22	19.23	−2.16	122.86	−20.69
2000	5	13.81	26.56	4.72	48.26	−1.75
2000	6	27.01	49.45	9.97	468.66	3.95
2000	7	28.1	47.49	16.21	63.02	8.85
2000	8	26.97	30.15	10.67	55.42	11.04
2000	9	17.46	35.93	6.32	358.36	0.7
2000	10	3.61	14.49	−3.07	24.43	−9.8
2000	11	−4.74	3.28	−6.35	18.32	−17.53
2000	12	−21.22	−18.07	−24.14	−7.56	−31.88
2001	1	−23.7	−14.34	−28.29	−6.05	−34.91
2001	2	−16.51	−4.21	−21.7	8.7	−33.22
2001	3	−5.4	3.84	−11.4	16.11	−23.25
2001	4	5.25	16.57	−1.61	30.4	−5.92
2001	5	16.58	34.26	5.15	49.41	−0.48
2001	6	31.55	64.68	7.27	981.5	1.85
2001	7	26.76	43.79	15.9	56.54	9.01
2001	8	24.46	42.21	14.27	53.92	6.15
2001	9	16.48	38.01	3.95	50	−7.82
2001	10	6.73	25.34	−4.02	39.32	−12.8
2001	11	−6.54	9.1	−14.87	17.13	−24.61
2001	12	−18.54	−5.32	−24.73	3.38	−29.8
2002	1	−13.59	−7.88	−17.31	−0.01	−26.83
2002	2	−10.09	3.03	−16.79	12.18	−26.55
2002	3	−0.2	19.51	−12.13	34.33	−24.01
2002	4	6.59	16.34	−1.25	31.52	−10.2
2002	5	18.01	38.56	−2.55	52.13	−248.84
2002	6	20.97	37.48	10.7	55.11	4.29
2002	7	25.92	41.48	16.55	58.07	11.96
2002	8	22.29	37.1	13.5	55.97	8.29
2002	9	14.92	43.63	−5.45	94.32	−78.86
2002	10	2.97	14.8	−3.42	33.87	−12.49
2002	11	−13.06	−4.34	−19.02	−0.87	−26.85
2002	12	−20.65	−8.5	−27.5	24.64	−48.53
2003	1	−20.78	−9.12	−34.02	−0.68	−48.55
2003	2	−14.09	−2.47	−20.26	12.37	−27.58
2003	3	−0.29	20.4	−13.1	36	−22.18
2003	4	8.7	25.83	−1.89	38.54	−9.87
2003	5	16.69	36.65	3.28	51.12	−5.34
2003	6	24.97	45.89	11.38	56.95	2.75
2003	7	23.33	33.63	16.02	45.85	8
2003	8	20.58	30.14	15.02	36.46	7.96
2003	9	14.2	24.19	7.87	31.85	0.36

（续）

年份	月份	日平均值月平均	日最大值月平均	日最小值月平均	月极大值	月极小值
2003	10	4.33	15.26	−1.43	25.55	−7.1
2003	11	−7.15	2.06	−12.75	11.96	−20.34
2003	12	−15.11	−10.47	−18.27	−5.1	−23.08
2004	1	−21.06	−16.45	−25.28	−12.49	−31.07
2004	2	2.56	4.6	0.52	9	0.42
2004	3	1.53	2.54	0.52	9	0.42
2004	4	2.24	3.96	0.52	9	0.42
2004	5	54.13	205.27	−11.51	749	−69
2004	6	1.65	2.79	0.52	9	0.42
2004	7	60.73	221.4	−10.24	762	−46
2004	8	3.02	5.51	0.52	9	0.42
2004	9	2.97	5.41	0.52	9	0.42
2005	1	−13.88	−10.87	−16.08	−3.4	−28.5
2005	2	−22.59	−6.43	−29.69	0.4	−37.6
2005	3	−7.37	5.01	−16.43	28.4	−34.6
2005	4	6.63	21.16	−1.68	35.8	−8
2005	5	14.55	31.78	3.39	47.9	−1.6
2005	6	25.46	44.14	13.62	60.7	8.6
2005	7	26.11	41.74	17.35	61.2	12.8
2005	8	22.2	36.55	14.34	48.2	4.3
2005	9	12.74	18.86	8.16	27.2	1.3
2005	10	3.29	9.39	−0.71	18.2	−6.4
2005	11	−6.31	2.37	−10.98	11	−17.4
2005	12	−16.88	−11.72	−20.02	−3.4	−24.3
2006	1	−23.62	−13.78	−27.01	−7.5	−35.3
2006	2	−19.08	−8.27	−24.07	1.9	−35.7
2006	3	−5.4	2.27	−10.32	14.8	−26.5
2006	4	4.01	14.07	−1.25	26.2	−4.6
2006	5	16.46	32.22	4.94	53.7	−0.9
2006	6	20.79	34.44	12.84	52.7	7.7
2006	7	25.58	40.55	16.16	56.8	8.6
2006	8	24.14	36.69	15.71	46.1	6.5
2006	9	16.02	31.21	6.28	42	1.6
2006	10	5.17	19.32	−2.61	35.2	−11.8
2006	11	−5.6	0.56	−9.47	19.3	−16.1
2006	12	−10.84	−8.47	−12.55	−5.5	−15.1
2007	1	−11.79	−9.14	−13.5	−6.4	−16.6
2007	2	−6.85	−5.88	−6.89	−3.9	−11
2007	3	−2.6	5.41	−7.56	18.2	−19.7
2007	4	6.11	19.72	−1.39	35.4	−6.7
2007	5	14.97	29.99	5.13	46.4	−1.1
2007	6	26.27	45.03	13.92	61.1	5.9
2007	7	28.39	48.4	15.57	63.8	8.1
2007	8	23.77	38.67	13.48	60.1	5.7
2007	9	16.54	35.23	7.03	52.8	−2.2
2007	10	4.35	19.41	−3.67	40.1	−8.9
2007	11	−8.88	2.27	−15.14	14.7	−25.8
2007	12	−15.08	−9.6	−18.48	−6.1	−20.4

（续）

年份	月份	日平均值月平均	日最大值月平均	日最小值月平均	月极大值	月极小值
2008	1	−26.36	−11.65	−34.35	−5.4	−41.9
2008	2	−17.84	−5.92	−24.32	0.7	−35
2008	3	−0.39	6.37	−4.06	18.8	−16.6
2008	4	7.84	20.39	0.64	37.3	−4.6
2008	5	15.49	32.4	4.62	49.3	−1.2
2008	6	25.67	44.22	12.95	60.3	4.2
2008	7	26.78	41.05	18.66	57.7	14.4
2008	8	24.58	40.34	16.19	52.6	11.3
2008	9	14.11	26.2	7.61	37.4	−0.2
2008	10	5.87	16.59	0.35	28.6	−4.7
2008	11	−5.82	0.15	−9.13	7.3	−12.7
2008	12	−17.96	−9.44	−25.08	0.9	−37.5

4.2.7 辐射

表 4-113 太阳辐射自动观测记录表—月辐射

单位：MJ/m²

年份	月份	总辐射 Eg 总量平均值	反射辐射 Er 总量平均值	紫外辐射 UV 总量平均值	净辐射 E* 总量平均值	光合有效辐射 PAR 总量平均值
2001	1	12.96	10.11	0.67	7.81	5.71
2001	2	15.87	12.46	0.72	6.15	7.74
2001	3	21.82	14.83	1.10	12.64	12.08
2001	4	23.94	9.14	1.32	22.42	12.81
2001	5	28.75	11.12	1.63	26.11	15.47
2001	6	33.35	9.46	1.72	27.46	16.68
2001	7	27.48	9.66	1.52	23.82	14.36
2001	8	25.96	9.31	1.38	23.83	13.24
2001	9	24.33	10.08	1.24	20.87	12.56
2001	10	13.74	3.54	1.18	7.15	7.11
2001	11	9.22	2.53	0.83	3.65	4.85
2001	12	7.05	2.83	0.45	1.65	3.84
2002	1	7.40	4.82	0.59	0.57	3.86
2002	2	11.15	5.97	0.80	2.28	5.91
2002	3	17.46	3.82	1.32	12.89	9.28
2002	4	16.62	3.70	1.34	10.87	8.86
2002	5	25.3	5.12	1.82	18.65	12.75
2002	6	22.23	4.09	1.66	19.40	10.89
2002	7	23.83	4.76	1.06	19.49	11.80
2002	8	21.25	4.35	0.69	16.83	10.62
2002	9	19.23	3.86	0.72	13.09	10.03
2002	10	11.26	2.31	0.64	7.51	5.71
2002	11	9.31	3.93	0.41	2.86	4.85
2002	12	7.12	4.42	0.31	0.89	3.74
2003	1	6.554	4.062	0.509	−1.347	—
2003	2	9.484	4.843	0.703	1.109	—
2003	3	14.027	2.688	1.169	6.808	—
2003	4	17.111	3.288	1.252	9.406	—

（续）

年份	月份	总辐射 Eg 总量平均值	反射辐射 Er 总量平均值	紫外辐射 UV 总量平均值	净辐射 E* 总量平均值	光合有效辐射 PAR 总量平均值
2003	5	18.237	3.679	1.134	8.653	—
2003	6	19.133	3.599	1.406	11.955	—
2003	7	14.347	2.659	1.151	11.816	—
2003	8	14.076	2.915	1.101	10.152	—
2003	9	12.660	2.455	0.953	8.019	—
2003	10	7.772	1.535	0.573	3.589	—
2003	11	5.576	2.134	0.296	−0.555	—
2003	12	5.011	3.362	0.310	−0.419	—
2004	1	7.96	5.17	0.7	0.48	4.23
2004	2	10.45	7.23	0.86	0.27	5.45
2004	3	18.27	6.51	1.42	7.55	9.61
2004	4	22.18	3.48	1.68	15.92	11.36
2004	5	21.76	3.60	1.67	16.42	10.82
2004	6	29.70	5.45	2.32	20.45	14.74
2004	7	22.06	3.60	1.94	18.21	10.68
2004	8	22.90	3.95	2.16	17.70	11.14
2004	9	11.72	1.65	1.14	9.16	5.69
2005	1	10.737	4.655	0.356	−1.704	9.775
2005	2	11.175	7.936	0.394	−1.202	18.517
2005	3	16.672	5.498	0.594	4.359	28.983
2005	4	14.891	1.918	0.560	6.427	28.016
2005	5	19.301	2.530	0.775	9.039	37.586
2005	6	20.192	2.723	0.822	9.923	40.299
2005	7	15.934	2.617	0.688	8.236	32.328
2005	8	17.917	4.545	0.721	8.222	34.751
2005	9	13.662	3.873	0.528	4.828	26.241
2005	10	10.877	3.054	0.364	2.003	19.401
2005	11	7.275	2.234	0.220	−0.205	11.676
2005	12	5.630	2.430	0.159	−1.401	8.179
2006	1	6.60	4.95	0.21	−2.03	9.81
2006	2	10.52	7.42	0.38	−0.81	16.04
2006	3	10.52	7.42	0.38	−0.81	16.04
2006	4	16.70	3.07	0.63	6.6	37.14
2006	5	22.10	3.39	0.84	10.75	40.16
2006	6	17.97	2.85	0.81	9.01	35.95
2006	7	18.75	2.56	0.82	10.17	41.1
2006	8	17.70	2.96	0.76	8.78	39.22
2006	9	14.07	2.80	0.54	5.87	27.35
2006	10	10.32	2.37	0.37	2.31	19.35
2006	11	6.61	3.34	0.23	−0.76	12.07
2006	12	5.05	3.33	0.16	−1.96	8.41
2007	1	5.90	3.74	0.18	−1.86	8.8
2007	2	10.02	7.31	0.36	−1.02	6.72
2007	3	14.52	5.32	0.53	3.46	24.84
2007	4	18.20	4.00	0.68	7.49	26.06
2007	5	18.06	3.54	0.75	8.35	18.26
2007	6	21.06	3.95	0.86	11.00	2.61

（续）

年份	月份	总辐射 Eg 总量平均值	反射辐射 Er 总量平均值	紫外辐射 UV 总量平均值	净辐射 E* 总量平均值	光合有效辐射 PAR 总量平均值
2007	7	22.67	4.97	0.95	12.12	1.84
2007	8	17.92	4.20	0.75	8.4	6.29
2007	9	13.59	3.31	0.55	5.31	3.09
2007	10	11.30	2.91	0.40	2.65	7.29
2007	11	7.49	2.26	0.24	−0.11	0.2
2007	12	5.15	2.48	0.15	−1.12	0.0
2008	1	7.43	4.88	0.23	−2.18	5.1
2008	2	10.42	6.89	0.37	−0.83	18.5
2008	3	12.25	3.79	0.44	3.26	21.7
2008	4	15.59	4.22	0.55	5.16	27.03
2008	5	18.57	4.09	0.71	7.57	34.59
2008	6	22.22	4.17	0.90	10.91	42.98
2008	7	19.37	3.67	0.84	9.96	36.02
2008	8	18.1	3.77	0.75	8.72	33.78
2008	9	14.56	3.36	0.57	5.28	26.15
2008	10	9.94	2.45	0.35	2.05	17.34
2008	11	6.70	2.70	0.22	−0.67	10.65
2008	12	5.48	3.71	0.17	−2.15	7.24